1. こうした多様な多年草の牧草地から、健全に機能する自然の生態系について学んだ

2. 自生の牧草地を流れる水はこんなにも澄んでいる

3. 多年草の牧草地。多様な植物と健康な土のおかげで、雨が極端に少ない年でさえよく育つ。健全に機能する生態系の好例だ

4. 保全休耕プログラムの対象だった牧草地で満足そうに草を食《は》む母牛と子牛たち

5. 畑を多年草の牧草地に戻した区画。元気いっぱいの牛たち

6. このような雹《ひょう》の嵐に覆われると、農地を守ってくれるものは何もない。リジェネラティブの農法をしていれば、異常気象のなかでも持ちこたえる助けになる

7. 土を覆うことは農法の重要な一部。カバークロップの残渣《ざんさ》が覆いとなり、作物はそれを突き抜けて育つ

8. 均一な団粒《だんりゅう》構造の土。菌根菌《きんこんきん》がグロマリンという糊《のり》状物質を分泌することで団粒構造ができる

9. わずか2年カバークロップを育てただけで、干し草畑だった土地の土が奇跡のように改善する

10. 晩秋から初冬にかけて牛たちがカバークロップを食んだあとの残渣。放牧のあと、つねに地上の草が65パーセント以上残るよう注意している。草の覆いは、水分の蒸発や風食を防ぎ、雑草の成長を抑えてくれる

11. 1000平米あたり7万8000キロ（牛の体重換算）の高密度で牛を放牧している様子

12. チョコレートケーキのような豊かで色の濃い団粒構造の土。丈夫な根とさまざまな土壌生物を支えている。ここにはレッドクローバーを植えていて、過去15年間耕していない

13. 息づく命！　これはうちの不耕起の土をてのひらにすくいとったところ。1991年に土地を買ったころにはどこにもミミズがいなかった。いまはうじゃうじゃいる

14. 廃タイヤの給水器。浅く埋め込んだポリエチレン管から水を供給し、ふたつの区画を隔てるフェンスの下に設置

15. 干し草のロールベールを使った冬季放牧の様子。秋にすべてのロールベールを並べてしまえば、冬の悪天候時にロールベールを並べる手間が省ける。土壌の改善にも有効

16. 多年草の牧草地では、野生の花々が、花粉を運ぶ虫やその他の益虫を引き寄せる

17. カバークロップのブレンドには、花粉を運ぶ虫を引き寄せるヒマワリなどの植物も混ぜる

18. うちの畑では、ジャガイモを育てるときさえ耕さない。地表にそのまま種イモを並べ、上にアルファルファの干し草を広げる

19. 収穫時期がきたら、干し草をめくるだけ。土を掘る手間ゼロ！

20. 菜園のフーゲルカルチャー(盛り土農法)。トウモロコシ、マメ、カボチャ、ヒマワリ、花粉を運ぶ虫用の花々の多種ブレンド

21. 花粉を運ぶ虫用の植栽。これはビッグブルーステム、インディアングラス、スイッチグラス、チコリ、ホワイトクローバー（シロツメクサ）、クリムゾンクローバーの暖地型ブレンド

22. 秋播《ま》きのカバークロップ（オーツ麦、エンドウマメ、レンズマメ、大根）を植えて日光のエネルギーを取り込む。霜が降りそうな9月はじめでさえ、炭素を循環するチャンスを逃さない

23. 秋播きのカバークロップは、翌春の雑草防除に一役買う

24. スーダン型ソルガム、トウジンビエ、ササゲ、ムングマメ、グアーマメ、アブラナ科、ヒマワリ、大根のブレンドを食む肉牛

25. 多様な芽吹き。カバークロップの多種ブレンドを播くとこのようになる

26. アルファルファの区画にカバークロップの多種ブレンドを播いたことで、健康な土が再生されつつある。肥料ひとついらない

27. 農場の看板。「ブラウン農場」の名とともに「リジェネラティブ農業」をアピール

28. ファーマーズマーケットで使っている移動販売用トレーラー

29. 最初につくったニワトリ小屋。家畜運搬トレーラーに、止まり木、巣箱、給水器を取り付けた

30. 左端の区画は、シーズン中ずっと放牧していた隣の農家の牧草地。右側は、ホリスティックな輪換《りんかん》放牧によるうちの牧草地

31. 右手前の電気ロック式バットラッチゲートが自動で開き、牛たちは新しい区画に移動する

32. 牧草地ではブタたちも元気いっぱい。1 年草のカバークロップ・ブレンドを食べているところ

33. 奥は化学肥料を施している慣行農法の農地。手前がうちのリジェネラティブ農法の農地。うちの農地では家畜たちが自然に土を肥やしてくれる

34. 200 年計画の一環として多年生の植物を植える。この果樹園はまだつくったばかりだが、30 年後の姿を想像してほしい。低層に生えているのは雑草ではない。花粉を運ぶ虫や害虫を捕食する虫を引き寄せるさまざまな植物を植えている

# 土を育てる

## 自然をよみがえらせる土壌革命

*Dirt to Soil: One Family's Journey into Regenerative Agriculture*

Gabe Brown

ゲイブ・ブラウン
服部雄一郎　訳

NHK出版

装幀　タカハシデザイン室
挿画　大野八生

農家に生まれて、
町育ちの若者と結婚すれば遠くに行けると夢見た
恥ずかしがり屋の少女へ。
それなのに農家に舞い戻る羽目になった君は、
〝土を育てる道〟の世界一の応援団として一生を捧げてくれた。

娘のケリーと息子のポールにもとびきりの感謝を。
ふたりの揺るぎない愛と応援は、
父親として望みうるすべてだ。

# 目次

日本版に寄せて　8

はじめに　いちばんの師　14

## 第1部　道のはじまり

### 第1章　絶望からの出発　20

農家になる／不耕起に切り替える／破滅的な数年間／〝見方を変える〟

*column*｜ホリスティックな土地管理｜

### 第2章　自然がよみがえる　46

生態系の再生／牧草地の管理／負債からついに抜け出す／菌根についてさらに学ぶ

カバークロップ・ブレンド／「高密度放牧」の威力／*column*｜ロールベール放牧｜

第3章 リジェネラティブの気づき 73

炭素が果たす重大な役割／***column***｜根圏とは｜
〝命のブレンド〟／多様性を突き詰める／〝カオスの園〟

第4章 牛が牛でいられるように 99

輪換放牧のシステム／効果の検証

第5章 次世代に引き継ぐ 113

わが家の将来計画／***column***｜限りなく長期の計画｜／家畜の種類を増やす
卵の生産量を増やす／すべての牧場は羊を飼うべし／ブタにとってもパラダイス
若い世代を育てる

第6章 ブランドをつくり出す 135

直接販売の準備／〝お客さまはいつも正しい〟

## 第2部 理想の「土」を育てる


### 第7章 土の健康の5原則 148

第1の原則 土をかき乱さない／第2の原則 土を覆う／第3の原則 多様性を高める
第4の原則 土のなかに「生きた根」を保つ／第5の原則 動物を組み込む

### 第8章 カバークロップの偉大な力 168

カバークロップによる炭素循環／目的は何か？／ブレンドの比率を決める
水問題への対処／*column* よりよい害虫駆除の方法／栄養不足への対処
作付けの計画をつくる／除草剤と化学肥料／新しい土壌分析
「牧場栽培」への道

### 第9章 土さえあればうまくいく 204

大工からリジェネラティブ農家へ――ダリン・ウィリアムズ

消防士からの転身――ラッセル・ヘドリック／兄弟を説得――ジャック・スタール
父子の再出発――ジョナサン・コッブ／祖父の農場を再生――ブライアン・ダウニング
夫婦での挑戦――デレク・アクステン
乾燥地域の父子の取り組み――ジョー＆ライアン・ブルースキー
切り開いた道――ゲイル・フラー

第10章 **収量よりも収益を** 238
自然に反する農業／補助金の問題／根本的な問題に目を向ける
見るべきは面積あたりの収益

おわりに　行動を起こす 262

謝辞 270
訳者あとがき 271
参考資料 277

・本文中の（　）は原注、〔　〕は訳注を表す。＊は傍注を参照のこと。
・書名は、未邦訳のものは初出に原題と逐語訳を併記した。

# 日本版に寄せて

いつもいつも、数えきれないほどの人が、私に同じことを言う――「それはお宅ではうまくいくのかもしれないが、うちでもうまくいくのか？」。あるいは「ゲイブ、わかってないな。うちとお宅ではもともとの土が違うんだ」。はたまた、「お宅の土地は何十万平米、うちはただの庭。同じ原則が当てはまるとでも言うのか？」。

これらの質問への答えは、ひとつ残らず「イエス」だ！　そのとおり、本書で説明する土の原則を守れば、必ずうまくいく。どんな場所に住んでいても、どんなに砂や粘土の多い土壌でも、どんなサイズの畑や牧場や庭でも、原則はいつも変わらない。

だからこそ、私はこの本を美しい島国日本のみなさんに読んでいただけることを心からうれしく思っている。うれしい理由はもうひとつあって、私は日本の農哲学者、福岡正信《まさのぶ》氏から多大なインスピレーションを受けた。その著書『自然農法　わら一本の革命』は、自然をよみがえらせるリジェネラティブ（環境再生型）な農法を模索するなかで、私の大きな支えとなってくれたのだ。

日本の農家の平均的な農地の面積はおよそ3万平米。* 一方、アメリカのノースダコタ州にある私の農場は２４００万平米。でも、土を育てる原則は、日本でもうちの農場でも変わらない。使う道具は異なるかもしれない。でも、原則と手順はなんら変わらない。

２０１８年にこの本がアメリカで刊行されたあと、じつは本書の「土の５原則」に新たに〝第６の原則〟を追加した。おそらくはいちばん大切な「背景の原則」だ。これを追加したのは、あまりに多くの人々が、それぞれの〝背景〟を無視して、畑や牧場や家庭菜園を営んでいるからだ。昨今の農業では気候に合わない作物を育てようとしている農家が目立つ。環境に合わない家畜を育てている牧場も多い。これでは最初からうまくいくわけがない。私たちは勝手な意志を自然に押しつけるような真似をしてはならない。〝自然に反する〟のではなく、〝自然に沿っ

＊訳注　北海道に限れば平均約30万平米、それ以外の都府県の平均は約2万平米（２０１５〜21年）。
https://www.maff.go.jp/j/tokei/sihyo/data/10.html（農林水産省「農地に関する統計」）

た〟やり方を学ぶべきなのだ。

また、経済的な〝背景〟を無視して営んでいる農家も多く見られる。多額の借金をして土地や農業機械を買う。それが資金繰りを圧迫する。家族のストレス増加にもつながる。

畑でも牧場でも家庭菜園でも、私が相談者にまず最初に尋ねるのは〝背景〟だ。どこに住んでいるのか？　気候は？　寒い地方なのか、暖かい地方なのか？　降水量は？　どの季節に降水量が多いのか？　また、歴史的にはどんな背景があるのか？——その場所は５００年前にはどのような環境だったのか？　そして１０００年前は？

さらに、経済的な背景はどうか？　資金源は確保できているのか？　人員的な背景はどうか？　何人くらいのスタッフがいるのか？

畑や牧場や家庭菜園をリジェネラティブに変えていくには、これらすべての問いについて考え、それを踏まえる必要がある。

毎年、うちの農場は数千人の見学者を受け入れている。最初の挨拶のあと、まず彼らを案内するのは庭の菜園だ。なぜプロの農家にわざわざ自家用の菜園を見せるのか？　理由は簡単で、この菜園を見せれば、小さな土地のなかに「土の６原則」がすべてそろっているからだ。うちの農場のなかでいちばん好きな場所でもある。

彼らにはまず、第６の「背景の原則」から話しはじめる。うちの農場は北半球の寒い地方にある。だから、菜園に植える野菜の大半は、エンドウマメ、ニンジン、ホウレン草、レタス、ビーツ、キャベツ、玉ねぎ、ラディッシュや大根、ジャガイモ、一年草の花々やリーキ（ポロネギ／西洋ねぎ）など、耐寒性のある寒地型の作物だ。もちろん、いろいろなマメ類やトウモロコシ、メロン、ピーマン、ヒマワリや多年草の花々、カボチャなど、暖地型の野菜や穀物も育てるけれど、量は少なめだ。

　次に、第1の原則「土を機械的、化学的になるべくかき乱さない」について話す。そして、過去25年間耕していない土地を見せる。種を播《ま》くときは土に小さな切り込みを入れるだけ。鋤《すき》を入れたり耕したりする必要などない。土壌生物たちの棲《す》み処《か》である土をどうしてかき乱す必要があるだろう？

　続く第2の原則は「土を覆う」。そして、アルファルファの干し草を菜園全体に毛布のようにかぶせているところを見せる。毎年秋、すべての野菜の収穫が終わると、アルファルファを菜園全体に10センチほども敷き詰める。この干し草の層が土を守り、雑草の発芽を抑え、土壌生物の栄養にもなる。種を播くときは、単に干し草を〝かき分けて〟土に小さな切り込みを入れ、種をなかに入れる――簡単そのものだ！

　続いて披露するのは、第3の原則「多様性を高める」。うちの菜園はきわめて多様だ。数十種の野菜や穀物や花々がすべて一緒に育っている。花粉を運んでくれる虫たちを引き付けられるように、いつも必ず、花を咲かせる植物をいろいろ植えている。

また、私の住む地域では、霜《しも》の降りない季節が1年に１２０日しかない。でも、だからと言って、その１２０日以外は何も育てられないということではない。耐寒性のある品種を育てれば、栽培期間を〝引き延ばす〟ことができる。こうすることで、土壌の微生物の栄養源として欠かせない〝生きた根〟を土のなかに保つ――これが第4の原則だ。

そして、うちの菜園でもっとも人目を引くことのひとつが、きわめて多様な虫や鳥――たとえば、ミツバチ、アブラムシ、クモ、テントウムシ、チョウ、ハチドリ、コマドリ、ツバメ、キジなどだ。秋、野菜の収穫が終わると、ニワトリを菜園に移して、残った野菜を片っ端から食べてもらい、鶏糞《けいふん》で土を肥《こ》やす。こうして、第5の原則である「動物を組み込む」が達成される。

うちの菜園を見れば、そのすべてがわかる。小さな土地に6つの原則のすべてがそろっている。結果は、来る年も来る年も、化学肥料も農薬も除草剤も殺菌剤も何ひとつやらずに作物が育つ健康な土だ。おかげで私は、家族のために栄養たっぷりの食べ物をつくり出すことができる。

１９９７年、私はある畜産会議でドン・キャンベルという名の畜産家の講演を聴いた。彼は言った――「小さな変化を生み出したいなら、やり方を変えればいい。大きな変化を生み出したいなら、見方を変えなければ」。

本書を通じて、みなさんにはぜひ、ものの〝見方〟を変えていただきたいと思う。畑や牧場や家庭菜園は、あなたを映し出す鏡だ。映し出される現状が気に入らないなら、変えればいい！あなたにはそうする力がある――本書の原則を実行しさえすれば。土は目に見えて生き返るはずだ。水分がよく浸透し、必要なときにそなえてその水を保水できる豊かな団粒《だんりゅう》構造の土〔くわしくは15ページの第1の原則を参照〕になる。虫の羽音や鳥の合唱も聞こえるようになる。そして、栄養たっぷりの食べ物をつくり出せるようになる。

なによりも、みなさんひとりひとりに成功と幸せを。どうか〝土を育てる道〟を楽しんでほしい。

ゲイブ・ブラウン

## はじめに

# いちばんの師

「すべての命は土あってこそ」――この認識はいま、私のなかに深く根を張っている。最初に農業をはじめたころの自分がどれほど土を壊す行為をしていたか、いまとなってはほとんど信じられないほどだ。でも、当時は思いもよらなかった。なにしろ、大学で習ったのは、農薬や機械を駆使する工業型農業のノウハウばかり。部分を全体から切り離して考え、自然の生態系の成り立ちには目もくれない。

わが農場のストーリー、それは「工業型農業を続けて土地のやせた低収益の農家を、いかに健全で収益力ある農家に再生させたか」。その道のりは、試行錯誤と実験の連続。途中、数々の失敗があり、いくつかの成功があった。師となって導いてくれた人もたくさんいた。ほかの農家たち、研究者、環境活動家、家族。でも、いちばんの師は母なる自然だ。

日々の仕事のなかでも、「土を育て、守り続ける」という目標のもと、ほぼすべての意思決定を行っている。よりどころにしているのは5つの原則〔序文のとおり、現在は第6の原則が追加されている〕。数十億年の時を経て、自然がつくり出してきた原則だ。太陽が照り、植物が育つかぎり、地球上どんな場所でも変わらない。世界各地の農場や牧場が、この原則を生かして、水分の行き渡る養分たっぷりのふかふかの土をつくり出している。

土の健康に欠かせない5つの原則は、以下のとおりだ。

## 第1の原則　土をかき乱さない

土を機械的、化学的、物理的になるべくかき乱さない。

耕すと土壌の構造が壊れてしまう。そして、肥沃《ひよく》な土をつくり出す土壌生物たちの〝棲み処〟をわざわざ引っかき回すことになる。団粒構造〔土の水はけがよく、保水性に富む微小な塊状になっている〕や孔隙《こうげき》（水が浸み込む隙間）も土壌の構成要素。耕してしまうと土壌流出が起こり、貴重な資源がむだになる。化学肥料、除草剤、農薬、殺菌剤なども、土壌の生態系に悪影響を及ぼす。

## 第2の原則　土を覆う

土はつねに覆う。

これは土の健康を立て直すうえで、きわめて重要なステップだ。むき出しの土は正常ではない。自然はいつだって土を覆い隠そうとする。天然の〝よろい〟をかけてやることで、土は風や水による流出から守られ、また、それが土壌生物のエサや棲み処にもなる。水分の蒸発や雑草の発芽も抑えられる。

## 第3の原則　多様性を高める

植物と動物の多様性を確保する。

自然界のいったいどこに単一品種だけが生えている場所があるだろうか？　もちろん人間が植えた場所だけだ。野生の大草原を見渡したとき、いつも最初に気づかされるのは、その信じられないほどの多様性――やわらかい草、背の高い草、つる植物、低木。これらがみな生き生きと調和して繁《しげ》っている。ひとつひとつの種《しゅ》が示すさまを見てほしい。根が浅いものあり、深いものあり。ひげ根あり、直根あり。炭素固定〔光合成によって、大気中の二酸化炭素を炭水化物に変換して生体内に取り込むこと〕量の多いもの、少ないもの。窒《ちつ》素《そ》を固定する〔大気中の窒素を取り込んで窒素化合物に変えること〕マメ科。これらひとつひとつが土の健康を保つうえでひと役買っている。多様性によって生態系の機能は強化される。

## 第4の原則　土のなかに「生きた根」を保つ

年間を通し、土のなかにできるだけ長く「生きた根」を保つ。

春、散歩をすると、最後の雪をかき分けて緑の植物が顔を出している。秋の終わりから冬のはじまりに同じ小道を通ると、植物はまだまだ成長を続けている。根が息づいているのだ。これらの生きた根は、土壌生物のエサとなる炭素を供給している。そして、土壌生物は植物のエサとなる養分の循環をつくり出す。

私の住む地域では、５月半ばに最後の春の霜が降り、９月半ばに最初の秋の霜が降りる。以前はこの霜の降りない１２０日間しか植物は育たないと思い込んでいた。でも、とんでもない間違いだった。いま、うちの畑では、秋に二年草を播く。それらは初冬まで成長を続け、春のはじまりに眠りから目覚める。こうすることで、これまでは畑を遊ばせていた冬のあいだも土壌生物を養うことができる。

## 第5の原則　動物を組み込む

自然は動物なしには成り立たない――ごく単純な事実だ。

農場に家畜を組み込むことで多くのメリットが得られる。とくに、動物が植物を食べることで植物が刺激され、土により多くの炭素が送り込まれる。つまり、食べさせることで養分の循環がうながされるのだ。また、大気からより多くの炭素を吸収し、地中に固定することになるので、気候変動の面でもメリットは大きい。さらに、生態系が健全に機能する農場を望むなら、家畜だけでなく、花粉を運ぶ虫や鳥、害虫を食べてくれる捕食昆虫、土を肥やすミミズ、そしてあらゆる微生物にも棲み処を提供し、生態系を支えてもらう必要がある。

本書はこの５つの原則に繰り返し立ち戻る。第７章では、その重要性をさらに深く掘り下げる。いずれの原則も、うちの農場のあらゆる営みに深く根を張っている。願わくは、本書を読み終えるころにはみなさんのなかにもこれらの原則がしっかりと刻まれ、次はそれらを生かして、あなた自身の生態系を再生していってほしい。さあ、〝土を育てる道〟のはじまり！

*Dirt to Soil:*
*One Family's Journey into*
*Regenerative Agriculture*

# 第1部
# 道のはじまり

# 第1章
# 絶望からの出発

町育ちで、植物に触れる機会といえば夏に芝刈り機で芝を刈るくらいだった自分が、いったいどうして、これほどまでに土の健康と土地の再生に熱を上げるようになったのだろう？ リジェネラティブ農業〔健全な土壌をつくり、自然環境の再生をめざす農業のこと。「環境再生型農業」とも〕がもたらしてくれた奇跡を思うとき、自分自身、よくそう自問する。

私はノースダコタ州の州都ビスマークに生まれた。4人兄弟の3番目。父は地元の電力協同組合に勤務。母は連日4人の息子のトラブル回避に奔走《ほんそう》。野球、ボウリング、宿題ばかりの、

とりたてて変化のない子ども時代だった。叔父の農場を数回訪ねたことがある以外は、農業への接点はないに等しかった。

それが一気に変わったのは高校入学時。兄のジェイの影響で農耕の授業をとったのがきっかけだ。すぐに地元の若者向け農業プログラムに参加すると、あっという間に畑や畜産に関わるすべてに夢中になった。とにかく、学べるかぎりのことを学ぼうとした。学べるかぎりのこと――つまり、化学肥料、農薬、殺虫剤、殺菌剤を「いつ」「どこに」「どのくらい」撒《ま》くか。さらに、人工授精、肥育場、飼養管理、さまざまな農業機械のこと。工業型農業に関係するあらゆるノウハウのオンパレードだ。

高校時代は、学校が終わると、地元の農場の手伝いで耕作地の石とりをして過ごした（ノースダコタではよくあるパターンだ）。これが農場で働いた最初の経験だったけれど、ただの石とりだというのに、楽しくて仕方がなかった。もちろん、その農場主がほどなくして自分の義父になるなんて、夢にも思うはずがない。というわけで、農場主の娘シェリーと私は１９８１年に結婚した。

義父母のビルとジーンは途方もなく勤勉な人間で、１９５６年、ほとんど夢ひとつからすべてをスタート。ひたむきな労働を何十年も続け、３人の娘を育てながら、７００万平米の農場のローンを完済した。私は大学で農業経済学と畜産学を学び、１９８３年、シェリーと一緒に、彼らの農場内のトレーラーハウスに住みはじめた。

義父母には「いつか農場を引き継ぐ気はあるか？」と言われていた。もちろん、こちらとしては願ったり叶《かな》ったりだった――というのはちょっと正確さを欠くかもしれない。シェリーが「農場から離れたくて町の人と結婚したのに」と渋ったのだ。まさか農場に引き戻されることになろうとは。でも、愛の力が勝ったのだろう――拒否はしないでくれた。義父母は１９９１年まで農場を続けた。後継ぎ息子がいなかったので、町育ちで、ろくに農業の経験もない義理の息子でよしとするよりほかなかったのだ。

義父母の畑はごく一般的な慣行栽培で、もちろんトラクターでばっちり耕していた。よく人に言うのだけれど、あれはほとんど義父の娯楽と化していた気がする。トラクターに座って、ハンドル操作で土をかき回していくのを、義父は心底楽しんでいた。毎年、「休閑《きゅうかん》」といって、耕作地の半分を休ませ、繰り返し耕して雑草を防ぐ。休ませることで、次の耕作時に土の水分を温存できるという理屈だ。そして、残りの半分の畑で作物を育てる。小麦、オーツ麦、大麦などの穀類を育て、毎年化学肥料を（大量ではなかったけれど）撒いていた。除草剤も毎年必ず撒いていた。

義父母は65頭の牛と、肉牛として出荷する若牛を20頭ほど飼っていた。牛は３つのグループに分けられ、シーズン中はずっと農場内の３か所の牧草地で自生の草を食べて過ごす。これが毎年、来る年も来る年も、寸分の変化もなく続いた。秋になると収穫後の作物残渣《ざんさ》を食べ、そのあとは干し草を与えられて冬の５～６か月間を過ごす。子牛は10月に母牛から引き離され、しばらくエサを与えて売り払われていた。家畜には毎年、ごく標準的な殺虫剤噴霧と何種類ものワクチン接種が執り行われていた。

義父母はすべての家畜を１９７８年に売り払った。シェリーと私が農場にやってきて、最初のゲルプフィー種の牛を買うまで、牧草地は別の農家に貸し出されていた。ゲルプフィー種はヨーロッパ原産で、70年代にはじめてアメリカに持ち込まれた。乳の出がよく、力も強く、子育て上手で知られる。自分たちの農場にぴったりだと思った。

## 農家になる

農家としての最初の数年は、義父のもとで働きながら慣行農業の手法を学ぶ日々だった。でも、ごく初期の時点で、すでにその理屈には疑問を感じていた。たとえば、春になると土を耕す。義父はいつも「しっかり天地返しをして、なかまで完全に乾かすんだ！」と言っていたけれど、これはまったく不可解だった。だって、7月になれば、いつだって雨乞《あまご》いをしているというのに！「手を入れれば入れるほど土はよくなるんだぞ！」と話す義父。「なぜ？」と自問する私。

こうして、事あるごとに師匠の判断に疑問を差しはさむのが、義父の頑固なドイツ系の血筋とは折り合いが悪かった。ただ、自分にとっては有用な経験だった。「シェリーと一緒に農場を引き継いだら、ここをこう変えよう」と自分なりに計画しはじめたからだ。シェリーはのちに「あのころはしんどかった」と打ち明けている。夫が親の文句を言うのを片耳で聞き、もう片方の耳で親が夫の文句を言うのを聞かなければならなかったのだから。

家畜も慣行管理だった。シーズン中は、「牛」「草」「水」の3つだけ。でも、ケン・ミラーという畜産家がずいぶん違うやり方で牧畜しているのを知ってからは、義父母の放牧スタイルに疑問を抱くようになった。ケンは、いまも昔も私の大切な師だ。彼と妻のボニーは、ノースダコタ州フォートトライスのかなり過酷な環境で牧畜を行っている。土は粘土質で、通常はプレーリードッグが食べる分の草さえ生えない。でも、ケンとボニーの農場だけは例外だ。粘り強い観察と入念な管理によって、ふたりは土地をものすごく豊かで収益力ある状態にまで回復させた。大学の授業ではついぞ習わなかったことをケンは教えてくれた。永遠に感謝している。

義父母のために言い添えると、彼らは私に辛抱《しんぼう》強く付き合ってくれた。いくつかの区画をフェンスで区切り、いろいろな手法を実験することも許してくれた。そして、これがリジェネラティブなアプローチに向かう第一歩となった——もちろん当時はそうとは知らなかったけれど。

　こうして、ふたりのもとで働くこと8年。義父母はなんと、農場をまるごと私たちに引き継がず、３つに分けて３人の娘に引き継ぐという予想外の決断をした。これはもちろん、シェリーと私が望んだ結末ではなかった。農場全体を引き継ぐつもりだったし、引き継げるはずだと思っていた。20年後、私たちはこの重い教訓を踏まえて、農場をどのように自分自身の子どもたちに引き継ぐかを決めることになる。これについては第5章でくわしく説明する。

　１９９１年、私たちは義父母から２５０万平米の土地と家を引き継いだ。ラッキーなことに、アメリカ農務省の自然資源保全局（ＮＲＣＳ）がやってきて、土壌分析をしてくれた。そのなかで、とくに重要な結果がふたつある。ひとつ目の分析によると、うちの土壌の有機物含有量は１・７〜１・９パーセントだった。その後、周辺の土壌の有機物含有量はかつて７〜８パーセントに達していたと見られることがわかった。つまり、もともとは土のなかにあったはずの有機物のおよそ75パーセントが、不適切な耕起や管理の結果、時間とともに失われてしまったというわけだ。有機物が欠乏すると、土の養分循環が損なわれる（第7章で詳述）。多くの農家は化学肥料の投与に走り、植物が必要とする養分を与えようとする。

ふたつ目の分析は、雨の浸透速度だった。雨が地表に溜《た》まったり、蒸発したり、農場外に流れ出したりせずに、土にどのくらいしみ込むか？　うちの土壌の浸透速度は1時間あたり10ミリ強と判明した。周辺の農地と変わらない数値だ。問題は、一滴でも多くの水が必要だということ。うちの農場の降水量は年間わずか約４００ミリ。そのうち、２８０ミリほどが雨で、残りは毎冬2メートル近くに及ぶ雪による。しかも、降水量の多くは、短時間に数十ミリとなるようなどしゃぶりの嵐によるもの。水分浸透速度が遅いということは、つまり、ほとんどの水が外に流れ出し、結局、植物に行き渡らないことを意味する。これは平常時でも厳しい条件だけれど、とくに干ばつが来ると一大事になる。

もし、あのころの自分に先見の明があって、１９９１年当時の土のサンプルを保管していれば……といまとなっては思う。いまの最新技術で分析したら、当時の土がどれほど死んだ土だったか、たぶん興味深い結果が出たはずだ。

土地を引き継いで最初の数年は、義父母がやっていたように、耕起あり、化学肥料あり、除草剤ありの慣行栽培で穀類を育てていた。なにしろ、それ以外の方法など知らなかったのだ。大学でも、義父からも、それしか学ばなかった。ただ、牧畜が楽しかったので、家畜の数を増やしてみた。そして、早生《わせ》の牧草がほしかったので、80万平米ほどの畑に多年生の牧草の種を播いて、牧草地にしてしまうことにした。義父は「狂ってる」と仰天した。どこのだれが〝せっかくの畑〟に牧草を生やすものか。ありえない！　私は地元の自然資源保全局の職員と相談して、3種類のイネ科の牧草を播いた。あっという間に見事な多年草が、それまで畑だった場所に芽を出した。でも、その後の育ちはさっぱりだった。この経験は、第3章で説明するとおり、土壌の働きについて重要な学びを与えてくれた。人にはよく、「どれもこれも痛い学びの連続だった……」と話すけれど、なかでもこれは重量級だった。

## 不耕起に切り替える

１９９４年、州の北東部で、農地を耕さない「不耕起栽培」をしていた友人に勧められた――「不耕起に切り替えると時間も節約できるし、土の水分も保てるよ」。このアドバイスは理にかなっているように思えた。農家の出身でない人間の強みのひとつは、とらわれない心だ。私には先入観というものが何ひとつなかった。彼は提案に加えて、賢明な助言をくれた――「本当に不耕起で行こうと思うなら、誘惑に負けないよう、耕起用の機械を全部売り払ってしまうといい」。駆け出しの農家だった自分には、不耕起用の農機具を新たに買い足すような余裕はなかったので、その助言のとおりにした。持っていた機械を売り払い、そのお金で、不耕起用の播種機《はしゅき》（ジョンディア７５０。くわしくは次ページ参照）を購入した。その後、新しいモデルに乗り換えるまで、結局12年にわたってこれを使い続けた。

不耕起に入れ込む私を横目に、義父はおそろしく懐疑的だった。私が前年の収穫残渣のなかに直接種まきをするところを見てしまったのだから無理もない。しっかり耕したむき出しの土に目が慣れきっている義父に、「不耕起で大丈夫」と言ったって通じるわけがなかった。でも、不耕起に切り替えて最初の１年は、最高の年となった。収量が増えただけでなく、窒素を固定するエンドウマメを作付けに加えたことで、化学肥料を減らす第一歩も踏み出せた。１エーカー〔約４０００平米〕の土地の上の大気中にはじつに３万２０００トンもの窒素が広がっていると知り、お金をかけて窒素肥料を買うのがばからしくなった。うまくいったのはエンドウマメだけではない。春小麦の収量も増え、かなりよい価格で売れた。私は有頂天だった！　家畜用の干し草がほしかったので、秋にはライ小麦とヘアリーベッチを播いた。どちらもよく発芽し、見事に育った。「農業なんて楽勝だ！」と思った。

そのあとに迫りくる学びのことなど、知るよしもなかったのだ。

その話に移る前に、不耕起栽培と土の健康について少し話しておこう。一般的に、不耕起栽培では「播種機」という農業機械を使う。播種機は、ディスクで土にナイフの厚みほどの薄い溝をつけていくことができる。その場に作物の残渣が残っていても、簡単に断ち切って溝をつけられる。上部に種の投入口があり、それぞれの投入口の真ん中を種が落ちていき、それが所定の深さに掘られた薄い溝に並べられていく。よけられた土は、最後の車輪がやさしく種の上に押し戻す。こうすることで、小麦などの作物の種を、土をほとんどまったくかき乱すことなく播くことができる。

メリットは何か？　耕すと、土壌生物の棲み処である土の構造が壊れ、水分の浸透も減ってしまう。対する不耕起栽培では、土壌の団粒化が進み、有機物の量も増え、地表の作物残渣が水分の蒸発も抑えてくれるので、雨の浸透量が増え、より多くの水分が作物にゆきわたることになる。風や水による土壌流出のリスクも大幅に減る。さらに、作物の残渣のなかに種を播くことで微生物の活動が活発になり、養分の循環が増し、化学肥料の必要性が減っていく。また、トラクターを行き来させずにすむので、労力も、燃料も、メンテナンスのコストも減る。

デメリットは何か？　いちばん大きいのは、雑草が取り除けないこと。ただ、長期的には、耕す方がむしろ雑草が増え、結局はより多くの除草剤に頼るケースもままある。そして、除草剤を使えば、有機認証がとれなくなるため、経済的な影響もある。また、不耕起は春の地温の上昇がゆるやかになるため、発芽が遅れる傾向にある。ただ、この点は後述のとおり、作付けを工夫して炭素と窒素の比率を適切に保つことで埋め合わせることができる。

不耕起の起源をたどっていくと、オハイオ州のエドワード・フォークナーという急進的な農学者に行き着く。１９４３年に出された著書『耕す民の愚かしさ（*Plowman's Folly*）』のなかで、彼はこう宣言している。「じつのところ、耕すという行為の科学的な正当性を提示した人間はだれひとりいないのだ」

不耕起栽培をアメリカ北中西部に最初に持ち込んだのは、サウスダコタ州ピア近郊にあるダコタレイクス研究農場の所長、ドウェイン・ベック博士だ。ベック博士は地元の農家に育ち、大学で化学を専攻。肥料販売会社で働いたのち、サウスダコタ州立大学で土壌の生産性をテーマに博士号を取得した。研究農場をはじめた当初の狙いは、80年代の終わり、大きな問題となっていた農地の土壌の大量流出を抑えることだった。「減耕起」や「不耕起」の研究を進めるなかで、博士は土壌生物が劇的に増加することに気づいた。また、不耕起栽培では、燃料も肥料も減らせるうえ、より少ない水分で作物が育てられることもわかった。作物の収量が郡の平均に肩を並べ、ついにはそれを上回ったとき、博士は不耕起栽培こそが進むべき道であると確信した。

ダコタレイクス研究農場はいくつもの農家による共同運営となっていて、博士は新しい手法を自由に試すことができた。そして、博士はすぐに「カバークロップ」を推奨するようになる。カバークロップとは、土壌の働きの活性化を目的に育てられる作物で、「被《ひ》覆《ふく》作物（土を覆い、表土を日照りや風雨から守る植物）」や「緑《りょく》肥《ひ》作物（おもに青草のまま土にすき込んで肥料にする植物）」とも呼ばれる。博士は、農地を肥沃にするには、カバークロップで土を覆うのがいちばんよいと主張した。そして、地元の農家を一軒一軒回り、不耕起を試してみるよう説得した。「耕さなければ雑草が取り除けない」という声には、「カバークロップによる競合の効果で雑草が抑えられる」と返した。除草剤については（とくにグリホサート系のラウンドアップ）、いずれ雑草が耐性を持つことになると予見していた。それが現実となったのは周知のとおりだ。

博士は、「自然に目を向ければヒントが見える」と説いた。口ぐせは「自然は耕さない」。自然はただ多様性を育《はぐく》む。大草原の生態系には、数十種類の植物――それも大部分は多年草――が共生しつつ育っている。自然は成り行き任せで、無（むき出しの土）を嫌う。邪魔されなければ、あっという間に植物を生やし、多様性を増す。不耕起栽培はその多様性を特定の農地のなかでコントロールする。何を植えるかは目的次第。家畜がいるなら、飼料になる植物を。土壌に窒素を固定したいなら、マメ科をふくむ組み合わせを。博士によれば、不耕起栽培は、開拓者がやってくるはるか以前から、先住民たちが実践していた。現代の農業はむしろ鉱業に近い。農家は土から養分を掘り起こし、持ち去ってしまう。これはどう考えても持続可能《サステイナブル》な図式ではない。

サステイナブルな図式でめざすべきは土の健康だ。ベック博士が言うように、「土の健康」という言葉は90年代から使われているけれど、その定義は長らくあいまいだった。いまでは、ずっと明確な認識が広まっている。水と養分の適切な循環。日光の照射量。土壌生物の多様性。炭素の貯留量。土壌流出への耐性。要は、土がどの程度、野生の草原と同じように機能しているか。ただ、ベック博士によると、不耕起もふくめ、「唯一の特効薬」は存在しない。大草原の複雑で豊かな生態系を農地に再現するには、より包括的でホリスティックなアプローチが不可欠となる。

「これをクリアすれば大丈夫」というマジックナンバーもない。特定の指標やテストがあって、その数字さえ見れば土が健康かどうかわかる、ということはないのだ。吹雪のなかを運転していると想像してみてほしい。テストの数字というのは、はみ出すと溝に転落する道路端の白線のようなもの。翻《ひるがえ》って、農家の仕事とは、どんな天候のなかでも、できるかぎり道の中心に居続けること。ベック博士はこの点をさらに突き詰めて考えた。そもそもなぜ「正しい道にいる」と言えるのか？　行き着く先はどこなのか？　地図はあるのか？　ゴールは何なのか？

## 破滅的な数年間

１９９５年春。私は正しい道にいると思っていた。マメと大麦とオーツ麦を植え、さらには５００万平米分の春小麦を植え、そのすべてにバッチリ化学肥料を施し、除草剤を撒いた。夏も期待どおりだった。前年の秋に播いたライ小麦とヘアリーベッチで干し草をつくり、種をとった。そして、いよいよ春小麦の収穫をスタートしようという前日、壊滅的な雹《ひょう》がすべてを奪った。全部が水の泡《あわ》だった。それまで義父母が35年もやってきたなかで、雹に見舞われたのはたった二度。それも大した被害ではなかった。そんな過去を踏まえて、雹の保険は掛けていなかった。わざわざ入る意味を感じていなかったのだ。なんという失策！　私たちは打ちひしがれた。

　幸い、飼っていた１５０頭の牛は無傷だったので、雄の子牛を売ればいくらかの収入が見込めた。でも、家族を養いつつローンを返済していくことを考えると、見通しが１年前に思い描いていたほど生やさしくないのは明らかだった。

　その秋はライ小麦とヘアリーベッチの作付面積を増やすことにしたけれど、資金不足で肥料は撒かなかった。雄牛を売り、雌の子牛を売り、その他、なんとかかき集めた金で利子だけは返済できても、元金まではどうにも手が回らない。「いったいどうやって、この借金から抜け出せばいいんだ?」。胸のざわつきが片時も収まらなかったのを覚えている。

翌1996年、作付けにトウモロコシを加えた。エンドウマメの面積も増やした（肥料はやらなかった）。銀行は引き続き静観してくれたけれど、国の農業保険に入ることを義務づけられた。でも、雹の保険には入らなかった。これが凶と出た。7月下旬に雹がやってきて、ふたたび販売用の作物が全滅したのだ。私たちは打ちのめされた。事態は相当深刻になっていた。

その年の秋と冬は大変だった。娘のケリーが数年前に重度の脊《せき》柱《ちゅう》側《そく》彎《わん》症《しょう》と診断され、装具の装着が必要となっていた。装具は体に合わせて型をとるので、成長とともにサイズが変わる。当時娘は12歳。ぐんぐん背が伸びていて、6か月おきに新しい装具が必要になり、それが毎回数千ドル。装具は保険がきかない。シェリーも自分も農場外の仕事をはじめ、なんとか支払いを続けたけれど、売れる作物すらないのにローンの返済に追われ、かさむ医療費に対処して……それらすべてが重なって、本当につらい時期だった。

私は次第に睡眠時間を減らすようになった。週40時間の仕事を日中にこなし、夜に農場の仕事をする。幾度となく、トラクターを居眠り運転している自分に気づいてハッとした。義父にも何度「線が曲がってる!」と言われたことか。

ひとつよかったのは、うちの農場が「質の高いゲルプフィー種の雄牛を売る」と評判になったことだ。それで収入も増えたけれど、とにかく限られた頭数で、牛の体重も搾乳《さくにゅう》量も「極限まで増やさなければ」と頭がいっぱいだった。成長を早めるために、ホルモン剤の皮下注射、殺虫剤、駆虫薬、ワクチンその他もろもろ、使える手段は何だって使った。

そうこうするうちに１９９７年になった。４月のはじめ、２０５頭の牛たちがほぼ出産を終えたかなというころ、猛烈な吹雪が襲った。３日間、記録的な低温と雪、そして秒速23メートルを超えるような暴風に見舞われた。まだ子どもを産んでいなかった数頭の牛の様子を２時間おきにチェックしたけれど、雪で牛の体もろくに見えないなか、助けるどころではない。２日目の晩、家から１００メートルほどの家畜小屋に向かったが、雪がひどすぎて何も見えない。それまで何百回も通ってきた道だが、何かがおかしいと感じた。と、その瞬間、足が何かに引っかかり、つまずいた。そして気づいた。自分は家畜小屋の脇に向かって歩いていて、風よけの柵のてっぺんに足を引っかけたのだ！　雪があまりに高く積もり、３メートルもある風よけが上まで埋もれていた。私は起き上がって家に戻った。子牛を助けるために命を落とすことはできない。牛の確認は夜明けまで待つことにした。「とんでもないことになった」――そう思ったのをはっきり覚えている。

４日目、嵐は引いた。シェリーと私は、大量の雪をかきわけて家畜小屋に向かった。２日前につまずいた風よけにはさらに1メートル以上の雪が積もり、雪はなんと家畜小屋の屋根まで届いていた。当時の写真を見ると、雪の上を歩く子牛や、家畜小屋の屋根の上に立っている子牛の姿が写っている。

とにかく牛がどうなっているか探した。そして、がっくりした。牛たちは押し合いへし合いになり、相当数の子牛が踏みつぶされていた。その日は、14頭の死んだ子牛を雪のなかから掘り出した。続く数週間、その数はさらに増えた。胸が張り裂け、恐ろしかった。2年にわたる不作で抱えた山のような負債。その返済に、なんとしてもこの子牛たちを売って収益を上げる必要があったのに！　収益どころか、負債はさらにふくらんだ。

銀行からは、生き残った牛の売却可能額を上回る借り入れはいっさいできないと言われた。また、国の農業保険で補償してもらえる分以上の収入を計算に入れてはいけないと言われた。直近2年の収量実績にゼロが並んでいる以上、大した補償は見込めない。次の耕作も、〝スリムにいく〟よりほかなかった。高品質の干し草をつくればミネソタの酪農場が買ってくれるだろうと、農地のかなりの部分にアルファルファを植えた。スーダン型ソルガム〔近縁種のスーダングラスとソルガム（ソルゴー）をかけ合わせた品種〕、ササゲの組み合わせも何万平米分も植えた。いつの間にかカバークロップ化が進んでいた。もちろん、当時の自分にはそんな認識はなかったけれど。

その春は暑く乾燥していた。暑さは夏中続き、秋になるころには、生育があまりに悪く、売れる作物がほとんどろくに収穫できない事態になった。幸い、牛にやる干し草の分くらいはなんとかなったので、牛がいくらかの収入になった。農場外の仕事も、ほとんど最低賃金並みではあったけれど、多少の助けにはなった。でも、またしてもローンの負債はふくらんだ。間違いない。私たちふたりは、いつ抜け出せるとも知れない深い穴のなかにいるのだった。

私は人生ではじめて、自分が選んだ職業に疑念を抱いた。そしてシェリーは、おそらく自分が選んだ結婚相手に疑念を抱いた（たぶん、これがはじめてではなかったと思うけれど）。いま思えば笑うしかない——常識がちょっとでもある人間なら、やめていたに決まっているから。

幸い、土地はシェリーの両親との割賦《かつぷ》契約だったので、支払いが完了するまでは、法的な名義は義父母のままで、銀行がローンの取り立てをしようにも、土地を差し押さえることはできなかった。とられるものがあるとすれば、各種トラクターや干し草のベーラー（圧縮梱包機）、雑多な器具が数品、そして、先述の播種機くらい。銀行としては、これっぽっちの道具を差し押さえたところで、面倒な手続きに見合う金額は回収できないと判断したに違いない。どうにかこうにか利子の支払いができたことに免じて、見放さずにいてくれた。

シェリーには、ダンとアリスという叔父と叔母がいて、わが家からたった8キロほどの場所に農場を持っていた。夫婦には農作業を手伝える子どもがいなかったので、よく私たちが手伝いに行っていた。そんな折、ふたりがそろそろ引退すると言うので、「農地を売ってもらえないだろうか？」と打診してみた。そして１９９７年、ふたりは１１３万平米を超える農地を私たちに割賦契約で売ってくれた。しかも、ありがたいことに、本当に少ない頭金で買わせてくれた。なにしろお金がなかったので、これは本当に大きかった。買わせてもらった農地のうち、65万平米は大草原。残る48万平米は、国の保全休耕プログラム（ＣＲＰ）の登録地だった。これは農地の土壌回復を目的とする制度で、一定期間耕作を休止し、カバークロップなどで土地を緑化することを条件に政府が補助金を支払うというもの。ちょうど10年契約の最後の1年を残すばかりとなっていた。起伏に富んだ土地で、プログラムに登録されるまで、長年にわたる耕起で土壌流出が進行していた。自分たちはそのままプログラムの満了を待ち、放牧地として使おうと思った。ただ、フェンスも水道もついていない。そういった設備投資は、言うまでもなく、金銭的な余裕ができるまではお預けだった。

## 〝見方を変える〟

破滅的な数年間に見舞われつつも、私は土壌に関する本を読みあさった。とくに有益だったのは、第3代アメリカ大統領にして生涯農民でもあり続けたトーマス・ジェファーソンの日記。彼自身、一時期資金不足に陥ったとあって、お金をかけずに作物を育てるアイディアも綴られている。マメ科とカブを一緒に育てるくだりなど、「これは使えるぞ！」と思った。アメリカ初の大陸横断をなしとげた「ルイス-クラーク探検隊」の日記も読み、ミズーリ川周辺の土壌が野生のバイソンの食草行動によっていかに変化したか、認識を深めた。そして、だんだん放牧地も野生の大草原と同じであるように思えてきた――放牧地では家畜たちが、自然の原則にのっとって草を食《は》んでくれているのだ。

　アラン・セイボリーの「ホリスティックな土地管理」（43ページのコラム参照）の考え方も学んだので、放牧地の一部をフェンスで区切り、牛たちをより頻繁《ひんぱん》に移動できるようにしてみた。セイボリーは、祖国のジンバブエで野生の草食動物の習性を研究した生態学者。彼は、草食動物の群れが肉食動物に追われ、絶えず移動し続ける点に着目した。同じ場所にはしばしば長期間戻らない。この「休養期間」があることで、植物は十分に再生する時間が持てる。この話は、ルイス-クラーク探検隊の話とピタリと符合した。アメリカの大草原の土壌は、野生のバイソンの食草行動によって形成されてきた。バイソンの大群は土地の草を食い尽くすが、その後、別の場所に移動する。それによって土地は休まり、翌年までゆっくりと再生できる。この説明は理にかなっているように思えた。とくに、これまで耕されたことのない自生の放牧地を見ていると腑《ふ》に落ちた。

もっと知りたいと思った私は、１９９７〜98年の冬、必要な金額をなんとかかき集めて、ビスマークで開催された畜産会議に参加した。登壇者のひとりにドン・キャンベルがいた。アラン・セイボリーの「ホリスティックな土地管理」を実践しているカナダの畜産家だ。ドンは、私が生涯忘れることのない発言をした。いまも日々そのことを考え続けている。ドンは言った――「小さな変化を生み出したいなら、やり方を変えればいい。大きな変化を生み出したいなら、見方を変えなければ」。頭のなかに閃光《せんこう》が走ったようだった。そのときに至るまで、自分はいつも小さな変化しか起こさずに、大きな結果を願ってきたのだ。物の見方を変えなければいけないのだと悟った。はまり込んでいる穴から這い出て農場を続けていくには、システム全体の見方を変える必要があった。

１９９８年春はいくらか雨に恵まれ、ほっとひと息つけた。少し運も回りはじめたのかもしれない。私はアルファルファの作付面積を増やすことにした。化学肥料を十分に買う余裕はなかったので、トウモロコシにだけ化学肥料をやり、オーツ麦、マメ、大麦、春小麦は自然にまかせることにした。6月はじめにはほとんどの作物に除草剤を散布し、すべては順調だった。

それが一気に変わったのは６月の終わりのある日。突然嵐がやってきて、またしても、とんでもない雹に見舞われたのだ。嵐が引き、被害を確認すると、作物の８割以上が、またもや根こそぎやられていた。

これは本当に自分に起こっていることなのか？　どうやったらこんなにも不運になれるのか？　あまりにも、あまりにもつらい運命だった。シェリーは「もうやめよう」と言った。「もう無理」と。でも、私は絶対に逃げ出したくなかった。人に失敗したと思われるなんて、どう考えたって我慢ならない。いままでの人生でやりたいと思ったことは、農業をおいてほかにないと言うのに！　私はさらに長時間働くことで気持ちをまぎらわせた。

今回の打撃のせめてもの救いは、まだ生育シーズンのはじめだったこと。だから、飼料用の作物をもう一度播きなおすことができた。播いたのは、スーダン型ソルガム、ササゲ。よく育ったけれど、刈りとってロールにすることはできなかった。束ねるひもを買うお金さえなかったからだ。だから植えたままの状態にしておき、秋の終わりから冬のはじまりにかけて、牛たちにそのまま食べさせた。そうとは認識していなかったけれど、これが自分にとって初の「冬季放牧」となった。

４年連続の大打撃。皮肉なことに、近隣の農家のどこも４年続けて被害を受けてはいなかった。4年のうち、3年被害を受けた農家がひとつ。2年被害を受けた農家がいくつか。でも、4年連続で被害を受けたのはうちだけだった。

これは神からのメッセージだったのだろうか？　でも、現実を直視するには、自分たちはあまりに若かったのか、あるいは愚かだったのか、それとも臆病だったのか（きっとこのどれかの組み合わせに違いない）。正直、「やめよう」などということはろくに考えなかった。大学教育を受けた自分は、まったく違うキャリアに進むことだってできたはずだった。でも、農業以上にやりたいことは何ひとつなかったのだ。それに、逃げ出すにはあまりに負けん気が強かった。近所の人々に、町育ちの若造の失敗を見て楽しませるわけにはいかなかった。

つくづく、この4年連続の不作は地獄だった。でも、あとになってみれば、これは私の人生に起きた最良の出来事に違いなかった。なにしろ、この4年があったからこそ、自分は常識の枠を取っ払って考えざるをえなかったわけだし、失敗を恐れず、自然に寄り添って仕事する方向に進んでいけたわけだから。

この4年間こそが、自分をリジェネラティブ農業の道へといざなってくれたのだった。

*column*

## ホリスティックな土地管理

「ホリスティック」は、ギリシャ語で「すべて」「全部」「全体」「完全」などを意味する語。農業分野で「ホリスティックな管理」と言えば、アラン・セイボリーが提唱した土地管理のシステム思考アプローチを指す。

セイボリー研究所の公式サイトによると、ホリスティックな土地管理は、「自然を理解する視点と管理方法に基づく意思決定と計画の手法であり、社会面、環境面、財政面でバランスのとれた、よりたしかな意思決定を可能にする」。

前提として、「自然はひとつの全体として機能する」という視点がある。自然を、人、植物、動物、土地が共生的な関係を結ぶホリスティックなコミュニティとして捉える。これらの種のどれひとつをとっても、その行動が失われたりゆがめられたりすれば、環境に多面的な悪影響が及ぶ。

ホリスティックな土地管理は、４種類の自然の作用と、人間がそれらに潜在的に与える影響に目を向ける。４種類とは、水の循環、ミネラルの循環（炭素循環をふくむ）、エネルギーの流れ、生態のダイナミクス（生態系における生物の複合的な関係）。

そして、次のような確認項目を使って、これから起こそうとする行動がホリスティックな流れに沿うものなのか、あるいはそこから乖離《かいり》するものなのかを見極めていく。

1. **因果関係**

　この行動は、問題の根本的な原因の解決を見据えているか？

2. **脆弱《ぜいじゃく》性**

　この行動は、社会的、生物学的、あるいは財政的な脆弱性の解決を見据えているか？

3. **限界反応**

　同じ時間と金額でより大きな成果が期待できる行動はないか？

4. **総利益分析**

　どの仕事が全体の諸経費をより多くカバーしているか？

5. **エネルギーとお金の出どころ**

この行動で使われるエネルギーやお金は、目的にふさわしい出どころから来ているか？

**6. 持続可能性**

この行動は、より望ましい将来的な資源基盤にあなたを近づけるか？

**7. 社会と文化**

この行動についてどう感じるか？　あなたが望むような生活の質につながるのか？　他者の生活にネガティブな影響を及ぼさないか？

うちの農場では、これらの確認項目を使って、すべての主要な意思決定を行っている。そうすることで意思決定が格段にしやすくなり、ひとつひとつの決断と結果により大きな自信を持つことができる。

## 第2章
# 自然がよみがえる

「農場の自然がよみがえりつつある」と最初に気づいたきっかけは、ミミズだった。以前はよく、「うちの農場にはミミズがいないから、釣りに行こうにも行けないな」なんて軽口をたたいていたけれど、哀しいかな、事実だった。それが、4年にわたる不作のあと、急に土のなかにミミズが見えるようになったのだ。突然ライトがついたかのようだったけれど、何が起こったのか、理由はだんだん見えてきた。

まず、4年間、飼料用のアルファルファ以外は、育てた作物を耕作地からいっさい持ち出していなかった。それら有機物のかたまりをまるごと地面の上に残したおかげで、地表が守られ、地中の微生物に炭素が供給されたのだ。また、作物に使う除草剤と化学肥料の量を大幅に減らしていた。理由は「買えなかったから」。でも、結果はだれの目にも明らかだった。土にシャベルを入れると、ミミズがいるだけでなく、土が黒々と豊かな団粒構造をなしていて、土壌が改善していることは一目瞭然。色が変化して、まるでチョコレートケーキのようになってきていた。これは有機物含有量が増えている証拠。保水性もアップしていた。おかげで、干ばつの年でも牛のエサに事欠くようなことはなくなった。

でも、本当に正しい道を進んでいると実感したのは、ある夕方、窓の外を眺めていて、キジが飛び立つのを目にしたとき。そんなことはいままで一度だってなかった（いまではそこら中にキジがいる）。さらに、シカも、コヨーテも、タカも、姿を見せはじめていた。これは、シェリーとふたりで毎年コツコツ、何百本もの木を植えたせいもある。木は牛たちを雨や日差しから守るだけでなく、招かれざる野生動物にも棲み処や隠れ場所を与えてしまったというわけだ。ともあれ、「農場に生命が戻ってきた」のは、まぎれもない事実だった。

## 生態系の再生

この一連の変化を受けて、私はいろいろ思いをめぐらせた。まず、やせていた畑の土を「当然のもの」として受け入れてしまっていた自分に気づいた。やせた土をどうにかしようともせず、ただそこにしがみついて、事態がもっと悪い方向にいかないよう願っているばかりだった。回復や改善をうながすのではなく、不健全な状態をそのまま持続しようとしていたのだ。

「持続可能《サステイナブル》」は、いまちょっとした流行語となっている。だれもがサステイナブルをめざしている。でも、言いたいのは、「いったい、どこのだれが劣化した自然をそのまま持続《サステイン》させたいか？」ということ。必要なのは、むしろ「生態系をよみがえらせること」なのだ。やせた土地は、水分浸透速度の低下、生産性の低下、土壌の圧密（圧縮や沈下）、雑草の増加、収量の低下、投入コストの増大、塩害、植物の病害、外来害虫、土壌流出、採算性の悪化など、さまざまな兆候となって表れる。原因はただひとつ、「生態系の機能不全」だ。4年にわたる不作のおかげで、私は土地への見方を変えることができた。不幸にも、神が4回も平手打ちするまで目を覚まさなかったのだけれど！

　次に、土地の再生が自然に進みはじめたことに気づいた。5年間耕さず、窒素を固定するマメ科をふくむ多様な作物を植え、カバークロップで土を覆い、収穫できなかった作物の残渣をそのまま地表に残し、農薬類の投入をほぼゼロにすることで、私はいつの間にか土壌生物たちが元気を取り戻せる環境をつくり出していた。とくに、地中の菌根菌《きんこんきん》の数が増えはじめていた。菌根菌は植物の根と共生関係をつくる菌類で、土の健康に欠かせない。グロマリンという糊《のり》のような物質を分泌し、それが土の粒子の結合を助け、団粒化が進むことで、土壌に〝隙間〟ができる。この〝隙間〟、いわゆる「孔隙」は水分浸透の要《かなめ》となる。この孔隙のなかの薄い水の膜の内側や表面に、地中のほとんどの微生物が棲んでいるのだ。

土のなかには、たとえどんなひどいことをしていても多少の生物はいる――農薬どっさりの、がんがん耕している農地の土のなかにさえも。ちゃんと育つようにチャンスさえ与えれば、命は必ず応えてくれる。急にミミズが出てきたとき、つくづくそう思った。土をつくれば命は宿る――いや、この場合は「破壊をやめれば」というべきか。命を育むことで、死んだ土は生きた土に変わるのだ。

「土の健康」という言葉は90年代にはまだろくに使われていなかったけれど、破滅的な数年を乗り越えたことで、私には徐々にその5つの原則のようなものが見えはじめていた（5つの原則については第7章でくわしく触れる（序文のとおり、現在は第6の原則が追加されている））。このころ、農務省の自然資源保全局がふたたびやってきて、土壌を分析し直してくれた。試練の数年のあいだに有機物含有量の値は増えていた。

破滅的な4年間は、結果的には天の恵みとなった。農業のやり方自体も再考を迫られたし、破壊的な工業型農業の手法から土地を引き離して休ませることにもなった。なんとか農場を続けるために必要なことをしただけだが、それが幸いにも〝土がみずから再生する〟ための適切な条件をつくり出したのだ。そうとは気づかないうちに、より多くの日光が集まり、より多くの炭素循環が起こり、それが微生物の栄養となった。土地は癒《い》やされつつあった。もう新しい挑戦も怖くなかった。それ以降は、ほかの農場を訪問するたびに、「何が成功し、何がうまくいっていないのか」に目を向け、自分の農場に生かせる方法を模索していった。

１９９８年、さらにもうひとつ予想外の学びの機会が訪れた。郡の土壌保全委員会のメンバーへの立候補を打診されたのだ。私は了承し、選出された。これは人生でもっともすばらしい決断のひとつとなった。当時の地区の土壌保全担当官はジェイ・フューラー。ジェイと私はすぐに親しい友人になった――なにしろふたりとも学ぶ意欲に満ち満ちていたのだ。はじめて出現した、意見をしっかり戦わせられる相手。いつもとことんやり合った。最高の体験だった。私のキャパシティをぐっと押し広げてくれたジェイには永遠に感謝している。彼の〝押し〟がなかったら、自分はいま、この道を歩いていないだろう。結局、この役職は14年も務めることとなり、そのすべての瞬間を楽しんだ。

## 牧草地の管理

この時期は、牧草地の管理についても、いくつか重要な学びの機会を得た。最初の学びの舞台は、26ページに書いた、畑に多年草を植えて牧草地に戻した80万平米分の土地。ここにワイヤーを張りめぐらせて、11個の区画に分けて、牛を放牧した。牛たちは小道を通って中央の給水スポットに水を飲みに行く。これが大失敗だった。牛たちが往来を重ねたせいで、夏の終わりには小道はむき出しの土と化し、埃《ほこり》が舞い立って、病気になる牛も出る始末。この問題を解決するために、簡易な配管を敷設して、すべての区画に水が行き渡るようにしようと思った。そうすれば、牛たちは１か所の給水スポットにてくてく歩いていく必要がなくなる。ただ、そんな仕組みはそれまで見たこともなかったから、どうすべきかもわからない。とにかくやってみた。

息子のポールと一緒に、安い25ミリほどのポリエチレン管を並べ、業者から借りた工具でつなぎ合わせ、やはり友だちから借りた溝掘機で土中に埋め込んだ。時間はかかったけれど、なんとか午後いっぱいで８００メートルほどを埋め込むことができた。そして、フェンスの下に一定間隔で管を立ち上げ、そこに２６００リットル入れられる廃タイヤの給水器を設置した。それぞれの給水器がふたつの区画に水を供給する。これによって、すべての区画の牛が水を飲めるようにした（カラー口絵14参照）。

また、冬に配管の水抜きができるように、牧場のいちばん低い地点の管にはコックを取り付けた。秋が終わると水を止め、コックを開き、牧場のいちばん高い地点の給水器に通気弁をつける。こうすることで管に空気が入り込み、水がコックから押し出される。この方式を18年続けてきて、管が凍結で破裂したことは一度もない（ちなみにこの辺りの冬は厳しく、しばしば地中2メートル近くまで凍結する）。

もうひとつの学びの舞台は、同じ牧草地の〝土のなか〟だった。すでに書いたとおり、最初に播いた草たちは、立ち上がりはよかったけれど、生育は悪かった。ひょろっとして、あまり葉がつかず、ついた葉も小さく薄っぺらい。種をつけるところまで行ったものはほとんどなかった。これはすべて養分循環の機能不全による。そう、最初にこれらを播いたとき、そこは長年耕し続けた土地だったのだ。決まった作物ばかりが植えられ、多様性はほぼ皆無。義父母が育てていたのは、春小麦、オーツ麦、大麦――すべて冬の品種ばかりだった。ここに化学肥料が加われば、これはもう失敗街道一直線。長きにわたる耕起と化学肥料の影響で、菌根菌が破壊されてしまっていたのだ。その結果、土壌が団粒構造にならず、つまりは土壌生物の棲み処ができず、水分浸透速度も悪化。これらすべてが積み重なって、植物の生育にとって好ましくない環境ができあがっていた。種は発芽したけれど、出てきた芽は、飢餓《きが》状態も同然だったというわけだ。

こういうことは、本来ならば〝植える前に〟考えるべきだった。でも、何はともあれ、どう状況を修正できるか、数人の専門家にアドバイスを仰いでみる。すると、返ってきた答えは「化学肥料をやれ」。けれど、4年間ほぼ収入なしのなか、それは経済的に無理な相談だった。なんとしても自然の力だけで解決するよりほかない。では、どの植物ならいいのか？　ヒントになりそうな情報が見当たらなかったので、自分で実験してみることにした。選んだのはマメ科10種――牧草用のアルファルファ2種、レンゲソウの仲間、ミヤコグサ、クローバー2種、イガマメなど。すでに植わっていたイネ科の多年草を抑えるために、全部の区画に除草剤を噴射した（もちろんいまは使わない。多年草が生えている場所に種を播く場合は、いまなら牛たちに徹底的に食べてもらうことで対処する）。あとは選んだ品種を11個の区画に植えていくだけ。ひとつの区画にひとつの品種。比較のため、何も植えない区画もひとつ残した。1998年は雨に恵まれ、新しい苗は元気いっぱいに育った。

これらの区画を何年にもわたって観察し、そのなかからどの品種がうちの土地でよく育つか、そして枯れずに残るか、学んでいった。うちの場合は、アルファルファやラディノクローバーがいちばんうまくいくことがわかった。みなさんの土地では違う結果になるかもしれない。それは自分で実験してみるよりほかない。いま、うちでは、チコリやオオバコなどを、さまざまなイネ科やマメ科とともに多年生の牧草のなかに播きこんでいる。もう決して1種類の牧草だけを植えたりはしない（カバークロップの使い方は第8章でくわしく解説する）。

## 負債からついに抜け出す

　その後の数年、作物の収穫は〝通常〟に戻った。天気もよかったし、不作中に期せずして健康な土ができたおかげで、収量は増えた。コストをぎりぎり上回る程度の収益ではあったけれど、黒字は黒字だ。その結果、手元に現金ができたので、化学肥料の使用量を増やしはじめた——とはいっても、95年以前ほどのレベルではなかったけれど。

　雄牛の販売も続けていて、評判が高まり、そこそこの収益を生み出せていた。地域の大多数の生産者同様、雄牛は5月に雌牛とつがいにして、翌年の2～3月に子牛が生まれるようにする。雄の子牛は、10月の離乳時にいちばんいいものを選び、残りは去勢して、1月まで育てて競《せ》りに出す。雌の子牛も、離乳から1月まで手元で育て、雄牛と同様、いちばんいいものを残し、あとは競りにかける。

　専門家のすすめに従って、牛たちを年間に何度も保定枠（体が動かないよう固定する器具）に入れ、さまざまな処置をした。1月にはワクチンを打ち、寄生虫を駆除する。出産後の期間には、肺炎や下痢《げり》にかかった子牛を治療する。そして、５月に放牧に出す前にふたたび母牛に寄生虫駆除を行い、さらに「耳標《じひょう》」といって、耳に取り付けるタイプの寄生虫忌避剤を付ける。子牛には呼吸器系のワクチンと寄生虫駆除を施す。人工授精する雌牛も保定枠へ。いくつもの注射を打ち、発情同期化のためのホルモン製剤を施す。離乳後の子牛には七種混合ワクチンと寄生虫駆除。そして２週間後に追加接種。

雄牛の需要が増えてくると、雌牛の数も増やすしかない。数が増えれば、登録の書類も増える。こうなると、どんどん忙しくなる――一頭一頭の写真撮影、販売カタログの作成、マーケティングなどなど。規模はどんどんふくらんでいき、２０００年には地域有数の牧場にまで成長していた。

とにかく成果を追い求め、「うちはこの地域でいちばんいい牛を売ります！」とふれ込み続けた。ついには、より強い品種を求めて、異なる品種の交配まではじめた。これは時代のトレンドで、うちは地域に先駆けて「バランサー種」を売り出し、ますます売り上げを伸ばした。評判を保つために、飼育の手順をさらに増やした。いちばん生育のいいものを見定めるために秋には何度も体重を量り、12月には毛を刈り整え、1月から2月はじめにかけては何度も洗浄し、競りの当日にシミひとつないようにした。これに加えて無料配達サービスまで――本当に大忙しだった。

そのうち、クリスマスシーズンが怖くなってきた。クリスマスの翌日には、牛の洗体と毛刈りをはじめないといけないからだ。つくづく思った。畜産は楽しい。でも、自分はどうやらいちばん楽しいもの（家族）から引き離されている気がする。これはどうにかして方法を変えていかなければならないと思った。

## 菌根についてさらに学ぶ

２００２年、乾地用トウモロコシの収量が、ここノースダコタ州バーリー郡では聞いたこともないような高水準を記録した。収穫作業をしていると、義父がシェリーに「畑の前で孫と一緒に記念写真を撮ってくれ」と頼んでいる。ようやく認めてもらえたと感じた。

自分でも誇らしかった。でも、リジェネラティブ農業の道はまだ遠いと思っていた。２００３年、幸運にも農務省グレートプレインズ研究所の土壌微生物学者クリス・ニコルズ博士と知り合った。博士のいちばんの関心は土壌の生態系。といっても、もともとは「農業」ではなく「環境保護」の観点から取り組んでいる研究者だ。土壌のなかで起きる自然の作用を研究していて、その主要テーマのひとつが菌根菌だった。菌根菌にはさまざまな種類があり、そのうち土壌の養分循環の立役者となるのが「アーバスキュラー菌根菌」（ＡＭ菌）。いわば、土壌に張りめぐらされた〝道路〟のような存在だ。これら真菌類は、細菌類（バクテリア）に次いで、地球上にもっとも広く遍在する微生物のひとつ。長い糸状の菌糸から成り、ほとんどすべての生態系のなかに存在している。もちろん、いちばん結びつきが深いのは森や林だ（きのこを思い浮かべるといい）。

　菌根菌はほとんどの作物と密接な関わりがある。宿主となる植物の根の〝延長線〟のように菌糸を地中に伸ばしていき、宿主が必要とする栄養素を取り入れ、代わりに宿主の根から分泌される炭素化合物を受け取る。アーバスキュラー菌根菌のおかげで宿主植物の根を取り巻く「根圏」は大きく広がり、ミネラルその他の養分の吸収量が格段に違ってくる。また、アーバスキュラー菌根菌の存在によって、宿主植物の内部で抗酸化物質やさまざまな植物栄養素の生成もうながされる。これらの物質は、第10章で解説するとおり、人間の健康にとってもきわめて重要な存在だ。植物と菌根菌のあいだのシグナル伝達については、まだ植物と細菌類の関係ほどには研究が進んでいない。ただ、そこには似たようなメカニズムがあると見られており、いずれにしても「植物の養分吸収が増える」という結果ははっきりしている。

　ニコルズ博士と知り合ってすぐ、うちの農場に来てもらい、自分たちの取り組みを見てもらった。ひと通り見たあとで、博士は言った――「ゲイブ、あなたは本当によくがんばってきたと思う。でも、化学肥料の投入をやめなければ、お宅の土は永遠にサステイナブルにはなりませんよ」。いわく、化学肥料は菌根菌に悪影響を及ぼすとのこと。よかれと思って化学肥料を撒くことで、じつは土を〝助ける〟どころか、〝傷つける〟ことになってしまっていたわけだ。化学肥料は微生物と植物の根の関係を邪魔する。植物に〝無料の養分〟を与えてしまうので、植物は微生物から養分を分けてもらう必要がなくなってしまうのだ。これが起きると、植物は炭素を自分のところに溜め込むようになり、微生物は十分に成長できるだけのエサを受け取れないので数が減る。菌根菌は本来、植物が必要とするミネラルを炭素と引き換えに効率的に供給するけれど、もし植物から炭素が来なくなれば、土からミネラルを取り込めなくなり、つまりは植物もミネラルにありつけなくなる。化学肥料は限られたタイプの栄養素しかふくまない。植物が必要とするすべての栄養素を提供してくれるわけではないのだ。

　博士のアドバイスを聞いた私の反応は「えっ⁉　うちの土壌は化学肥料を使わなくてもいいほど健康的だって言うのか？」。すぐに確かめてみることにした。２００４年、いくつかの区画を使って比較テストをはじめた。区画の半分には化学肥料を（通常よりはだいぶ少ない量ではあるけれど）撒いた。残りの半分には、化学肥料をまったくやらなかった。さまざまな天候条件の変化のなかでテストしたかったので、この実験を４年間続けてみることにした。結果は驚くべきものだった。

## カバークロップ・ブレンド

ニコルズ博士の「化学肥料をやめろ」という過激なアドバイスと時を同じくして、カバークロップが土の再生に果たす役割についても学びを深める機会に恵まれた。とくに大きかったのは、カンザス州で開かれた不耕起会議で、カバークロップによる土壌改善について世界中で指導しているブラジルのアデミール・カレガーリ博士の講演が聴けたこと。話のなかで、とくにふたつのポイントがいまに至るまで役立っている。

まず、ひとつ目。博士は言った――「年に50ミリしか雨が降らないような場所でも、５０００ミリ降るような場所でも、カバークロップは育つ」。これを聞いた瞬間、「自分ももっと育ててみればいいんだ！」と気づいた。みんな口をそろえて「この地域は雨が足りないからカバークロップなんて無理だ」と言う。でも、本当は場所など問題ではないのだ。ノースダコタのような乾燥地帯でも、雨の多い地帯でも、どうせみんな「雨が足りない／雨が多すぎる」と思いたがる。でも、結局は言い訳をしているだけ――それがカレガーリ博士の言い分だった。博士は世界中を旅して、カバークロップがありとあらゆる環境で育っているのをその目で確かめてきたのだ。

ふたつ目。これには本当に目を開かされたのだが、博士はこう言った——「カバークロップは何種類も混ぜて播く」。聞いた瞬間、「そりゃそうだ！」と思った。自然の大草原だっていろんな植物が植わっているというのに、どうして気づかなかったのだろう？　博士の説明によると、7〜8種類を〝カクテルのように〟ブレンドして育てると相乗効果が生まれると言う。それまで私はせいぜい2〜3種類しかブレンドしておらず、それでもまわりからは「狂ってる」と言われていた。でも、自然の生態系の仕組みを考えれば、博士の説明は理にかなっているに違いなかった。

すでに友人となっていた地区の土壌保全担当官ジェイ・フューラーも、一緒にイベントに参加していた。ノースダコタに戻ると、ジェイは土壌保全委員会のメンバーたちに「カレガーリ博士のアドバイスをもとに実証実験をしてみよう」と提案した。この実証実験がまさかこれほどすごい結果を生むとは！　その冬は非常に乾燥していたので、春には土がほとんどカラカラの状態だった。5月の終わり、土壌保全委員会のスタッフが、まず8種類のカバークロップをそれぞれ1種類ずつ、4000平米ほどの区画にそれぞれきっちり分けて播いた（＝単一栽培）。そして、このうちの4種類（ササゲ、大豆、カブ、大根の一種であるオイルシードラディッシュ）に雑穀とヒマワリを加えた〝6種ブレンド〟も播いた（＝混植）。種を播いてから7月の終わりまでのあいだに降った雨はおよそ25ミリ。結果は想像を超えるものだった。〝6種ブレンド〟の区画の生産量はその他の区画のじつに3倍に及んだのだ。結果を立証するため、比較対象となる箇所も刈り取って乾燥させ、重さをはかった。でも、違いは一目瞭然だった。

ニコルズ博士の説明によれば、「菌根菌の菌糸が1種類の植物だけでなく、何種類もの植物とつながることで、さまざまな微生物や植物が必要とする栄養やエネルギーが供給された」のだという。この相乗効果は、自然の営みそのものだ。ジェイの実証実験は、単一品種の栽培が土壌にとってマイナスであることを示してくれた。

これに大いに感化された私は、ただちに「8種ブレンド」「10種ブレンド」「12種ブレンド」のカバークロップを試しはじめた。いまはもう6種以下のブレンドで播くことはほとんどないし、たいていはもっと多くの種類を混ぜている。結果は見事なものだ。有機物含有量は飛躍的に上がり、土の健康度も増し、収量も格段に増えた。この比較検証にはジェイも大いに感化され、こんなふうに語ってくれた――「これは、古典的な農学の考え方ではまったく説明がつかない。でも、自然の多様性から見れば、しごく当然の結果だね」。

干ばつが来たときにカバークロップのブレンドがどれほどの働きをするか、想像せずにはいられなかった。土の健康は確実に増す。でも、そこにさらにもうひとつの要素を加えることで、その効果がどれほど大きくふくらむのか、私はこのあと知ることになるのだった。

## 「高密度放牧」の威力

　農場が成功を収めはじめたことで、少しずつ農業イベントや会議から「どんな取り組みをしているのか話してほしい」と講演依頼が来るようになってきた。２００６年のはじめ、カナダのマニトバ州で飼料をテーマとする会議に呼ばれたときのこと。講演を終えた私のところに、口ひげを両脇に伸ばした背の低いスキンヘッドの男が突進してきてこう言った――「うちの牧場の取り組みをあなたに見せたい！　いますぐ私の部屋に来てください」。こんな男の部屋についていく気などない私は、なんとか会話を切り上げようとしたけれど、彼はまったく引き下がる気配がない。そのままどんどん説明をはじめ、「家畜の力で土壌を変える……」とかなんとか言うので、ちょっと興味を引かれた。そして、聞いているうちにすっかり気持ちは傾いてしまって、そのまま部屋までついていってしまった。

　部屋に着き、コンピュータを立ち上げると、彼は写真で牧場の様子や、採用している「高密度放牧」の手法について見せてくれた。結局、夜半過ぎまで話し込んでしまって、最後は彼の妻が「先に寝たいのであなたの部屋の鍵を貸してもらえませんか？」と私に頼んでくる始末。このエピソードはいまもふたりのあいだの笑い草となっている。そして、この夜コンピュータで見たものは、うちの農場にとてつもない影響を及ぼす重要なパズルのピースとなった。

このカナダ人の畜産家の名はニール・デニス。彼と妻のバーバラは、カナダ中部のサスカチュワン州で７００万平米の牧場を営んでいる。農作物はいっさい育てず、全面に多年生の牧草を生やして牛を放牧している。ユニークなのは、〝超高密度〟の輪換《りんかん》放牧（牧草地をいくつかに区切り、一定期間ごとに場所を変えて放牧すること）で土壌を再生していること（ニール自身はこれを「群れ《モブ》放牧」と呼んでいる）。ここで言う密度とは、「放牧の密度」、つまり、「ある広さの土地にどのくらいの数の家畜を置くか」。乾燥地帯では低密度が一般的だ。牛たちは広い土地に放し飼いにされ、新しい場所への移動は（皆無ではないにせよ）あまり頻繁ではない。家畜の数を増やすか、あるいは区画の面積を減らすと、放牧密度は高くなる。その「両方」をやれば、（ニールのように）超高密度の放牧となる。ただ、草が食い尽くされて土地が再生しなくなるような過放牧を防ぐには、ひとつの区画の上で草を食ませる時間をごく短くとどめなければならない。ニールの牧場では、なんとわずか数時間で牛を移動させることもある。

80年代、義父母が農場をやっていたころは、放牧密度は１０００平米あたり28キロほど（牛の体重換算。牛1頭の標準的な体重は７００キロ程度）で、区画の移動はほとんどしていなかった。ニールと知り合ったころ、私は自分ではなかなかよくやっていると思っていた。放牧密度は１０００平米あたり５６００キロで、１日１回新しい区画に移動させていた。でも、ニールの話を聞いたら、まったく及びもつかなかった。なんと１０００平米あたり9万キロにのぼると言うのだ！　にわかに信じられない数字だけれど、写真はウソをつかない。そこには申し分ない牧場の風景が広がっていた。夜半3時まで話し込んだのも当然だ。

私はこの目でニールの牧場を見届けなければと、その春、カナダまで車を走らせた。正直、１日２回以上牛たちを移動させて、そこまで効果があるのかなと疑わしく思う気持ちもあった。でも、土を掘ってみると、その土がどれだけ健康かは一目瞭然だった。

ニールの牧場も、うちと似たような変遷《へんせん》をたどっていた。１９００年代初頭から代々同じ場所で牧場を営んでいて、管理はずっと慣行型。そして80年代、牧場は経営の危機に直面する。そこへある友人が「ホリスティックな土地管理」のチラシを送ってきて、このやり方なら経営が立て直せるのではないかという。でも、ニールはチラシをポイッとごみ箱に投げ込んだ。うまくいくはずがないと思ったのだ。それを妻のバーバラが説き伏せて、ニールはホリスティックな放牧を学ぶコースに登録することに。受講期間中、ニールは講師と口論の連続だった。「絶対にうまくいくはずがない」とニール。「うまくいく」と講師。ニールは講師の間違いを証明してやろうと考えた。でも、実際に試してみると、どう考えても講師が正しかったことがわかる。土地の状態が改善されたのだ。収量は上がり、それに伴って収益性も上がる。そして、ニールは火がついてしまったのだ――「もっと牛の数を増やさなければ！」と。

彼は別の牧場の牛の委託放牧も受け入れていたので、徐々に放牧密度を上げてみた。手始めに、８万平米の土地に１００組の親子を置いてみた。草が濃くなり、土がよくなるのを見てとると、さらに数を増やし、密度をどんどん上げていった。土はよくなる一方だったので、ニールは牛の数を増やし続け、同時に、ひとつの区画での滞留時間を短くしていった。じきにゲーム感覚になってくる。いったいどこまで行けるのか⁉　１０００平米あたり5万６０００キロ。次いで9万キロ。ついには11万キロというラインにまで押し上げた。だれもが――とくに農務省の人間たちは――「狂ってる」と言った。「うまくいくわけがない」と。それでニールはますます闘志に火がついた。「最初に実験をはじめたころなんて、町のカフェに入ると、居合わせた全員が会話をやめたっけ」。でも、いっこうにかまわなかった。彼の口ぐせは「鍋はかき回すべし。さもないと底が焦《こ》げつくからね」。

時を経て、有機物含有量が倍増したことがわかったとき、ニールがどんな気持ちだったか。水分浸透速度は1時間に４００ミリまで上昇。そして、それらの変化に最初に気づいたのは、近隣の道路の土木作業員だった。あるとき訪ねてきて、ニールに向かってこう言ったという。

「なぜお宅の土地は、道路沿いのどの農場よりも青々としているのですか？」

ニールの放牧のアドバイスをまとめてみよう。

**1. すべてをランダムに**

同じ区画を毎年同時期に使ったりしない。いつも同じ数の牛を放牧するのもダメ。

**2. 一気に密度を上げない**

移行はじっくりと。

**3. まずは小さく**

2万～4万平米からはじめて様子を見る。

**4. 失敗から学ぶ（いちばん大事）**

これは自分も知っていた。

ニールの勝因のひとつに、「バットラッチ（Batt-Latch）」という、ゲートを自動開放できる電気ロック式の装置の存在がある。何がすばらしいって、自動化のおかげで土地をもっとよく観察したり、新しい実験について考えたりする時間ができたのだ。自動化する前は、牧場を縦横無尽に移動して、何十回もゲートを開け閉めしなければならなかった。自動化してからは、牛たちがゲートの開く時間を覚えてくれるようになった。いまや10個以上のゲートを適切な順序で開くようにセットして、休暇に出かけてしまうことだってできる——でも、ニールは牧場が楽しすぎて、結局は休暇なんてとらないのだけれど。

その春、ニールの牧場からの帰り道。私の心はすでに「自分ももっと高密度放牧をやろう」と決まっていた。でも、アメリカ国境を越えたところで、いきなり気づいてしまった。「牧草地だけでなく、畑にも家畜を組み込んでみるべきなのでは？」。それまでは、作物を栽培している春から秋にかけては牧草地のみに放牧し、作物の収穫後、カバークロップを育てる晩秋から冬のあいだだけ畑に家畜を入れていた。私は考えた。「畑にもカバークロップのブレンドを生やして、春から秋にも家畜を入れてみたらどうだろう？」。そうすれば、大草原の土壌のあり方によりいっそう近づけるだろうか？　バイソンやアカシカの大群が食み、踏みつけ、また次へと移動していく大草原の土。もちろん正統なアイディアからは程遠い。なにしろ、高密度放牧も同時にやろうとしているわけだから。知っているなかでこんなことをしている人間はひとりもいなかった。でも、息子のポールと話し合い、やってみることに決めた。

すでにカバークロップは生やしていたので、あとは牛たちを入れるだけ。１０００平米あたり６万８０００～７万９０００キロ。それをどんどん次の区画にローテーションしていく。結果は成功！　すぐに土の健康状態によい変化が現れた。こうして私は、真にリジェネラティブな農場を創り出すには、農場全体に家畜を組み込むことが欠かせないと実感したのだった。

ホリスティックな放牧の強みは、状況に合わせて柔軟にやり方を変えられること。草の状態も気候も一定ではないなか、それに合わせて計画的に放牧することで、ペースが整えやすくなる。さらに、高密度放牧であれば、牛たちを〝ツール〟として活用することもできる。

もうひとつ、ニールが考えついたアイディアに〝土壌マッサージ〟がある。むき出しの土が目立つ場所に干し草の束を広げると、牛たちが食べるあいだに、その一部が土のなかに踏み込まれていく。これが微生物のエサとなり、草が育ちやすい環境がつくられる。マッサージを「受けた場所」と「受けていない場所」の違いを見れば、効果は明らかだという。「天と地ほどに違う」のだそうだ。

むき出しの土は、どんな農地や牧場においても、生態系の劣化を示す最悪の兆候のひとつだ。年間降水量の限られる地域では、それが砂漠化の序章にもなる。耕起によってむき出しになった畑ばかりではない。牧草地においても、むき出しの土はトラブルのサインで、雑草に繁殖の足がかりを与えることにもなる。むき出しの土をなくすには、カバークロップを使うのもひとつだが、動物の力に頼るのもひとつ。大草原は、バイソンの大群が草を食み、せいぜい数時間から数日で次の場所へと移っていくことで形成されていく。ニールはまさしくその形を再現していた。たくさんの蹄《ひづめ》が草をさんざん踏みつぶし、その他のくずもろとも土にまぶし入れていく。それが分解され、微生物のエサとなる。そこにたっぷり糞尿《ふんにょう》が加わって、大量の天然肥料ができ上がる。

ニコルズ博士はこう説明している――「動物が食むことで、植物は栄養成長相と言われる発育過程にとどまり、光合成で生成された炭素は長く地中にとどまることになる。この状態が続かなければ、植物は炭素を呼び戻し、種子の生成などに使ってしまう。また、動物が食むことで、根の滲出《しんしゅつ》物（炭素）の分泌がうながされる。動物が噛《か》んだ場所は生理的に〝傷〟と認識され、人間の体にかさぶたができるような〝治癒《ちゆ》のプロセス〟をたどるからだ。治癒に必要となる養分を土から集めるため、植物は根から滲出物を出し、炭素を求める微生物を引き寄せようとする」。

ニコルズ博士によれば、これは望ましいレベルのストレスで、こうしたストレスなくしては植物は〝怠けてしまい〟、養分を得るためにきちんと働こうとしない。科学用語ではこれを「資源保存理論（COR理論）」と言い、「いかなる生命体も必要な分以上には何も創り出さない」。植物はつねに〝均衡〟に向かう。よって、ストレスが加わることで最大のパフォーマンスが発揮されるのだ（ただしストレス過多はよくない）。言うなれば、オリンピックに向けたトレーニングのようなもの。体は適度な負荷なくしてはよい状態に達しない。植物もより多くの養分を得るには、それなりの働きがいる。そのカギとなるのが家畜なのだ。対する慣行農業のなかでは、植物は養分を得るために働く必要がない。私たちが大枚はたいて買い与えた化学肥料を、ただで受け取ってしまえるからだ。

*column*

## ロールベール放牧

私はニールの〝土壌マッサージ〟はやっていないけれど、似たような「ロールベール放牧」という手法を使っている。ちなみに、ベストの選択肢は、いつだって自然に生えている牧草をそのまま食べてもらうこと。加工飼料はつねに牧草地の牧草よりも高くつく。とはいえ、地面が雪や氷で覆われてしまう期間は、生えている牧草をそのまま食べてもらうことはできない。そんな場合に、牧草をロール状に束ねた

「ロールベール」を並べて、牛たちに食べてもらう。

ロールベールはおよそ15メートル間隔に置く（絶対のルールはない）。干し草の質にもよるけれど、一般的には、一度に1週間分くらいの干し草を与えることが多い（電気柵を1本通して、それ以上踏み込めないようにする）。食べ終わったら、次のロールベールを与える。このやり方なら、たった一回トラクターを動かすだけでまるまるひと冬牛たちを食べさせることができ、その一回も、秋にロールベールを牧草地に並べるときだけ。このシステムの美点は、牛の糞や尿が全部そのまま牧草地の上に撒かれていくこと。わざわざ牛舎から運び出すまでもない。おそるべき節約効果だ（カラー口絵15参照）。

このロールベール放牧、はじめてみると、たちまちさまざまなメリットに気づいた。うちのような寒冷地の牧場では、1年のうち5か月以上、牛たちに干し草を与えることも珍しくない。干し草は、自前でこしらえても、買っても、とても高くつくうえ、それを牛たちに与えるにも莫大な費用と時間がかかる。以前は私も、冬の5か月間、毎日3～4時間トラクターに座って、牛舎の牛たちにエサを運び入れていた。これは時間も燃料もかかるし、機具にだってガタがくる。時間をかけて牛舎にエサを運び、さらに時間をかけて、糞を牛舎から運び出し、それを牧草地にばら撒く。牛に脚があることを私は忘れてしまっていたのだ！

　ロールベール放牧に切り替えてからというもの、労力も、燃料も、機具も節約できたばかりか、ロールベール放牧したあとの土地は牧草の育ちも明らかによくなった。郡の土壌保全委員会のスタッフがやってきて、育った牧草を刈り取り、重さをはかって成分を調べたところ、ロールベール放牧しなかった区画と比べて、収量は３倍、タンパク質の含有量も著しく高いことがわかった。

　いまは牛も羊も完全にロールベール放牧している。金銭面でも、資源面でも、そのメリットは計り知れない。

# 第3章 リジェネラティブの気づき

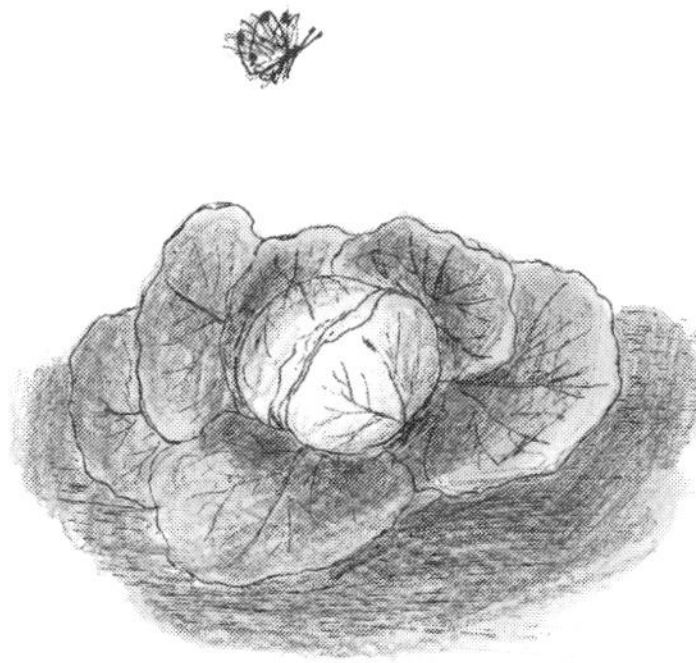

間違いや失敗は農業にはつきもの。光となるのはそこから得る学びだ。とはいえ、失敗から得る学びよりも、給水システムやカバークロップの実験から得られる学びの方がはるかに楽しかったのは言うまでもない。「化学肥料あり」と「化学肥料なし」の比較テストを４年間続けた結果、２００７年には、ニコルズ博士の指摘がどう考えても正しいことがわかった。なんと４年連続で、「化学肥料なし」の区画は、「化学肥料あり」の区画と同等もしくはそれ以上の収量を上げたのだ！　しかも、化学肥料をやめたことで、土の健康状態も劇的に向上。団粒化が進み、もはやチョコレートケーキそっくり。団粒化が進んだことで、当然ながら水分浸透速度

もかなり向上した。

それ以降、わざわざ書くまでもないとは思うけれど、うちの農地では化学肥料の使用をいっさいやめた。借地でも2010年には打ち切った。さて、化学肥料をやめたことで、収量にどんな影響が出たか？　いま、うちの農場の収量は、郡の平均よりおよそ20パーセント多い。そのとおり、郡内トップレベルの収量というわけではない。でも、収益性はたぶん郡内トップレベルだ。というのも、これはもう単純明快な話だけれど、もはや化学肥料にも、農薬にも、殺菌剤にも、いっさいお金を使わずにすむわけだから。そう、それだけのこと。ただ、すでに書いたように、「だからみなさんの農場でもいきなり化学肥料をゼロにした方がいい」という意味ではない。そんなことをしたら、きっと大惨事になる。化学肥料に慣れきった土の状態というのは、言ってみれば、麻薬中毒のようなもの。中毒はゆっくり取り除いていかなくては。まずは植物を育てて土壌生物を肥やすことで、土壌の機能を回復させることが先決。その最適な方法となるのがカバークロップ・ブレンド（それを家畜に食べさせるとなおいい）。土壌生物の種類と数が増えて、菌根菌の数も安定してくれれば、化学肥料の投与は劇的に減らすことができる。

2007年に化学肥料の使用をやめたことは、リジェネラティブ農業の道への大きな一歩となった。その時点で、うちの農地の土と、有機農家をふくむ近隣の農地の土との違いはすでに一目瞭然だった。ほかの農地の土は明らかに有機物が少なく、団粒構造も足りない。うちの農地は、水分浸透速度もびっくりするほど向上していた。１９９１年には1時間12ミリだったのが、２０１５年には９秒で25ミリ！　次の16秒でさらに25ミリ、つまり25秒で計50ミリに及んだのだ。これこそは菌根菌と土壌生物のパワー。それらが結びついて団粒構造をつくり、水が浸み込みやすくなって、その水分を地中の有機物が貯留する。つまり、大切なのは「どのくらい雨が降るか？」ではない。「どのくらい雨が浸み込み、土のなかに貯留されるか？」が問題なのだ。この「貯留能力」のことを有効雨量とも言う。有効雨量が少なければ、その農地は干ばつを招くことになる。

## 炭素が果たす重大な役割

土と植物の関係についていろいろと読み進めるなかで、繰り返し出てきたのが「炭素の重要性」。そして行き当たったのが「Amazing Carbon」というウェブサイト（英語）だ。私は夢中になった。サイトを開発したのは、オーストラリアの土壌生態学者クリスティーン・ジョーンズ博士。おもに地中の生態系における炭素の役割がわかりやすく解説されていて、「土壌炭素」が土の健康の原動力であることが明快に記されている。土壌炭素は、土の保水性にとっても重要な存在だという。つまり炭素は農場が利益を生み出すためのカギなのだ。

　では、どうすれば地中により多くの炭素を引き入れられるのか？　目の前に一面の農地が広がっていると想像してみてほしい。春、気温が上がって太陽が空高く昇るようになると、種は発芽し、生き延びるために水や養分を探し、地中に根を張っていく。ジョーンズ博士によると、「植物は空気中から二酸化炭素を取り込み、水と結合させて単糖類をつくり出す。この〝光合成産物〟と呼ばれる単糖類は、生命に欠かせない成分で、植物はこれらの糖類を多種多様な化合物に変容させる。化合物の多くは植物自身の成長に使われるが、相当量は根の先端部（根端《こんたん》）に届けられ、〝根滲出物〟として地中に漏《も》れ出していく」。

　なぜ植物は、この滲出物（ジョーンズ博士はこれを「液体炭素」と呼ぶ）を地中に漏れ出させるのか？　もちろん微生物に食べさせるためだ。無数の生命体がこの液体炭素を食料源として使っている。その見返りとして、植物の根は養分を受け取る。陸の生命の95パーセントが地中に棲んでいることを考えれば、この両者の関係がいかに重要か実感されるはずだ。さらに、博士がウェブサイトで説明しているとおり、「微生物の活動は土壌の団粒化もうながし、構造を安定させ、通気性、水分浸透、保水性を高める。植物と微生物の関わりがうまく機能すると、地上や地中のあらゆる生物が恩恵を受けることになる」。

作物残渣、動物の糞、堆肥など、地表に敷きつめられるタイプの有機炭素もある。これら〝形ある有機物〟にも多くのメリットがあるけれど、これらはいずれすべて分解して、二酸化炭素を放出する。一方、根から滲出する液体炭素は、地中深くに棲む微生物群の主たる炭素源となり、土壌の形成の要となる。これらの微生物の存在は、腐植土〔20パーセント以上の有機物をふくみ、作物栽培に適した土壌〕の生成に欠かせない。土壌が地中深くから強化されると、周辺の水域の機能も向上し、その効果は農場から遠く離れた川や海にまで広がっていく。

緑の草に覆われた健康な土のなかでは、地中の微生物に供給される炭素の量はほとんど無限大となる。声を大にして言いたい――この構図こそがカギなのだ。ジョーンズ博士によると、生態系の「点」と「点」がひとたび結びつけば、肥沃な表土の形成は息を呑《の》むほどのスピードで進む。光合成でとらえた太陽エネルギーが、液体炭素として地上から地下に流れることで、微生物が刺激され、ミネラルの可溶化が進む。新たに溶け出たミネラルの一部は、地中深くの層のスピーディーな腐植化を可能にし、残りのミネラルは植物の葉に戻り、光合成を加速し、単糖類の生成を増やす。このようにプラスの反応のループが起こることで、土壌の生成プロセスはさながら永久運動のようになっていく。

これまで長いこと、植物の根は、微生物を引き寄せる滲出物を〝受動的に〟放出しているにすぎないと信じられていた。でも、最近わかってきたところでは、じつのところ、植物は動物と寸分変わらぬ計算高さをもって、生存に必要な養分を獲得しているらしい。これぞ〝植物の知性〟。必要とする養分を自力で手に入れるには、その養分を可溶化してくれる微生物を引き寄せるしかない。そのプロセスはまだ完全には解明されていないけれど、およそこんな感じだと考えられている——植物が滲出物を通して〝この養分がほしい〟というシグナルを出し、波長の合う微生物がそれに反応する。さらにほかの養分を必要とするなら、今度は別のシグナルを出し、また別の微生物の注意を引き寄せる。コミュニケーションはあっという間に複雑化するけれど、自然の生態系はそれを見事に成し遂げてしまう。ある植物が特定の養分に向けてシグナルを出す横で、別の植物は別の養分にシグナルを出す。こうしてシステムは完璧に響き合うのだ。

ジョーンズ博士の説明によると、たとえば、窒素肥料をやりすぎると、この微生物と植物の結びつきが抑えられてしまう。植物も微生物も、お互い無関係に窒素を使うので、相互の大切な結びつきが築かれない。その後、植物がもっと成長したとき、不可欠な養分を得るために微生物の力を借りようとしても、もはや助けを呼ぶことはできない。結果、収量は下がる。このメカニズムがわかったことで、以前、4年間にわたって化学肥料の比較テストをしたとき、なぜあのような結果が出たのか、その理由がよく理解できた。化学肥料をやらないことで、私は知らず知らずのうちに、この植物と微生物の結びつきを強化していたのだ。

健全な根圏《こんけん》では、微生物と植物の根は、あっと言う間に双方向のコミュニケーションを築く。その交信の量と多彩さは、ほとんどめまいがするほどだ。しかも、根圏についてはまだまだわからないことが山ほどある。科学者たちによれば、地球上に1兆種いると推定される微生物の90パーセントがまだ発見されていない。メタゲノム解析という技術をつかった最近の研究でも、細菌の分類として、あらたに20もの「門（系統）」が追加されたという。ちなみに、地球上のすべての昆虫を集めても（あるいはすべての脊椎《せきつい》動物を集めても）、分類上はたったひとつの「門」にしかならない――と言えば、微生物の世界の途方もない大きさが少しは伝わるだろうか？これらのまだ存在すら確認されていない地中の微生物たちのあいだをあらゆるシグナルが行き交っているわけだから、何十億年もかけて形成されてきた地中の宇宙がどれほど壮大な研究領域であるか実感されようというものだ。

*column*

## 根圏とは

土壌のいちばん上の層は、一般的に「A層位（表土）」と呼ばれ、ここにはバクテリア、真菌、原虫、ミミズなど、さまざまな土壌生物が棲んでいる。深さは5～45センチくらい、あるいはもっと深いこともあり、植物の根から滲出した液体炭素のほとんどがこの層に行き着く。微生物はこの液体炭素の一部をつかって植物に養分を放出し、同時に、表土の形成に不可欠な安定した炭素化合物をつくり上げていく。

　さらに50センチほど下にあるのが「B層位（下層土）」。ミネラルをふくみ、表土に比べると、有機物の量も、微生物の活動も少ない。ただ、植物の根が張ってくれば、微生物は増えてくる。このプロセスを経て、B層位は時間とともに〝A層位の続き〟に変容する。

　さらに下の層が「C層位（母《ぼ》材《ざい》）」。小さな粒子に分解されていない粗い岩など、未固結の母材から成る。この母材がB層位やA層位の素となる。

「工業的農業のせいで表土が流出する」と言ったら、それは、この活力あふれる大切なA層位が失われることを意味する。また、「やせた土地をよみがえらせる」と言ったら、それは主として、B層位から新たなA層位をつくり出すという意味になる。そして、このプロセスは以前考えられていたよりもずっとスピーディーに進めることができる。

　ある層位を別の層位に変容させ、それによって農業に適した土壌をつくり出す立役者としての役割を果たすのが、微生物と植物の根だ。土と根が接する面は「根圏」と呼ばれる。この言葉は20世紀初頭、ドイツの先駆的な土壌学者ローレンツ・ヒルトナーによって編み出された。彼は、微生物が植物の健康状態や養分に与える影響を研究していた。根圏は、植物の根を３６０度取り巻くゾーンを言い、幅はせいぜい数ミリ。しかし、そこは微生物の働きが活発に繰り広げられる舞台となる。ヒルトナーは、微生物の多い土壌が植物の健康状態に著しいメリットをもたらすことを突き止めた。この発見は、当時の科学者や専門家たちの〝微生物は悪さしかしない〟という定説に真っ向から切り込むものだった。

## 〝命のブレンド〟

毎年夏になると、うちの農場はたくさんの農家や見学者を迎え入れて、見学ツアーを行うようになった。見学者たちと会話するなかで、地中の微生物と植物の根の〝奇跡の関係〟について伝えるのはすごく楽しいことだった。レイ・アーチュレッタに出会ったのも、そうしたツアーのひとつ。当時レイは、ノースカロライナ州の国立技術センター（農務省自然資源保全局の一機関）で働いていて、国中の人々に土壌改善の研修を行っていた。彼と私はすぐに親友になり、それどころか仕事上のパートナーにまでなるのだけれど、そのときはまさかそんなことになろうとは思うはずもない。

ひとつありありと思いだすのは、ツアーの最中、私が土壌管理の方法について説明していたとき、レイの顔に浮かんだ困惑の表情。たぶん私の説明に納得がいかないのだろうと思っていたけれど、あとで彼が話してくれたところによると、あの表情は、天啓のような気づきに襲われていたためだという。私はよく、「レイはあの瞬間、脳の回路がつけ変わったんだね」と言うのだけれど、それくらいレイは考え方も仕事も大転換を遂げることになる。彼はすぐに〝土壌の男レイ〟として知られるようになった。

レイはアラン・セイボリーの本や、土の健康に関する文献を手あたり次第に読みはじめた。彼に言わせれば、それは農業に関するあらゆる〝洗脳〟をまるごと解除する第一歩だった。「この見学ツアーで目にしたものこそを、自分は探し求めていた」――ついにやってきたその目覚めが、彼の表情の上に立ち現れていたというわけだ。

レイは大学で農学を8年近く学んだにもかかわらず、教授たちは何ひとつ、土壌の働きのことも、土壌生物のことも、教えてくれなかったという。彼が習ったことといえば（私の場合と同じく）「農業とはただ殺すこと――農薬と殺虫剤と殺菌剤で生き物を殺し、化学物質を使って作物を太らせること」。でも、私の8種や10種のカバークロップ・ブレンドが日照りの年でもちゃんと元気に育っているのを目の当たりにしたことで、彼は健康な土には命が息づくことを理解したそうだ。いま、彼は言う――「健康は命あってこそ」。そして、自然は「競合」よりもむしろ「調和」であることに彼は気づいた。それは国の農学専門家として受けてきたトレーニングとまったく相反するものだった。

大転換を遂げたレイは、こうした土の営みを〝命のブレンド〟と呼ぶようになった。砂、沈泥《シルト》、粘土――これらは言ってみれば〝死んだ土〟だ。そこに命がブレンドされることで、〝死んだ土〟が〝生きた土〟に変わる。土は単に〝有機物をたくさんふくむ〟から〝生きた土〟になるのではない。〝命がある〟からこそ――それも1種や2種ではなく、土壌生物が完全にそろうからこそ――生きた土になるのだ。レイは言う――「命がなければ、いっそ月で畑をやっても同じこと」。

微生物はあっという間に増えるので、自然はチャンスさえ与えれば、勝手に回復しはじめ、調整が進む。それなのに、近代農業はそのプロセスを壊してばかり。その最たるものが耕起だ。耕すことさえやめれば、あとはカバークロップを植えて、回復のプロセスをどんどん先に進めることができる。というのも、レイの指摘するとおり、植物は単に土を覆うだけではない、いわば〝命の点火薬〟だからだ。植物は太陽エネルギーをとらえて、それを地中の微生物に送り込み、〝命のブレンド〟をまき起こす。カバークロップがなければ、太陽の光は〝こぼれてしまい〟、自然が回復するチャンスはみすみすむだになってしまうのだ。

21世紀、私たちが直面している最大の課題は、「人」と「土地」の断絶ではないだろうか。土地との断絶は都会の若者ばかりでなく、農家や畜産家のあいだにも見受けられる。土が生態系であることを理解している人はほとんどいない。だからこそ、できるだけ多くの人に「土は生きている」と伝えることは自分たちの使命だと捉えている。うちの農場の見学ツアーに参加して土壌生物の重要性に目覚めたレイは、各地で講演活動をはじめ、「土の健康ブーム」の火つけ役となった。

農務省の自然資源保全局で牧場や農地の土壌改善に取り組んでいたレイは、残念ながらみずからの職場がまったくそのミッションを果たせていないと考えるに至った。なぜなら、行く先々、至るところで表土の流出が起きているからだ――過去何十年にもわたって、政府機関や土地の所有者が何十億ドルもの経費をつぎ込んで土地の保全を試みているというのに。レイの口ぐせは、「湖も川も、的外れな保全計画が山ほど流れ込んで、水が濁るのも当然さ……」。この物言いに激怒した上司や同僚もいたけれど、それは論点を見落としているというものだろう。

保全計画は土地所有者の助けになる可能性はあるけれど、計画の作成がゴールになるべきではない。土壌の働きをきちんと理解することがゴールなのだ。そして、残念ながら、自然資源保全局はそうしたメッセージをまったく伝えられていないとレイは考えた。実際、たとえばアメリカ環境省の統計によれば、長年こんなにたくさんの保全計画がつくられているというのに、いまだに土壌流出による堆積物はアメリカ最大の水質汚染問題であり続けている。

さらに決定的だったのは、農家の友人に「息子に手伝ってもらいたくても、２世帯分の収益が出せないから手伝ってもらえない」と打ち明けられたこと。これを聞いて、レイはいよいよ近代農業のモデルに疑問を抱きはじめた（若い世代を農業に呼び込むのはきわめて重要な問題なので、第５章でくわしく論じる）。

レイがクビにならなかったのは奇跡としか言いようがない。彼が講演のたびに伝えているテーマのひとつは、「土壌の構造が壊れるとどうなるか？」。彼は４本の透明なプラスチック管に水を入れ、そこに何種類かの土のかたまりを落とす実験をしてみせる。落とす土は、慣行農法、リジェネラティブ農法など、タイプの異なる農地の土。慣行農法の耕された土はほとんど一瞬で溶けてしまい、土の粒がきちんと結びついていないことがわかる。対照的に、リジェネラティブ農法の不耕起の土は、水のなかで長いこと形を保ち、より完全な構造であることが示される。構造が不十分な土は、水がなだれ込むとバラバラになる。崩壊するのは、土の粒をまとめる〝接着剤〟の働きが弱いから。バラバラになることで水分浸透が減り、土壌流出のリスクも高まる。

レイは「降雨シミュレーション」のセットも持っていて、さまざまな農法の土が雨をどう受け止めるのかを比較してみせる。もちろん、このシミュレーションでもリジェネラティブ農法の土がいちばん好成績だ。こうした実験を糸口に、レイはカバークロップを使った生産性の高い土づくりについて説明していく。

## 多様性を突き詰める

レイと知り合って数年したころ、私は彼と一緒にオハイオ州の農場を訪ねた。見学会で話をさせてもらうことになったのだ。レイは何度もその農場を訪ねていたけれど、私はこのときがはじめて。先に見学させてもらいたくて、1日早く到着した。農場のショップに車を寄せると、お気に入りの青いつなぎを着込んだ農場主のデイビッド・ブラントがぬっと現れる。初対面のデイビッドはなんとも威圧的な男だった。身長190センチ。とどろくような大声で挨拶し、握手する手はグローブのよう。信念を曲げず、自分の考えを恐れずに言う、単刀直入なタイプの人間だ。
その話は説得力十分。彼ほどの経験と専門性を持つ人間はそういない。近隣の大半の農家と同じく、彼もトウモロコシと大豆を育てている。でも、ほかの農家と違って、１９７１年から不耕起を、１９７８年からはカバークロップも使って、人生を通して常識に抗い続けている。ずっと以前から冬小麦も作付けに加えているという。理由は、「作物の多様性を高めたいから」。さらに、カバークロップを育てる時間を少しでも増やして、土を健康にしたいからだという。

挨拶を交わしたあと、デイビッドは私たちを畑に案内してくれた。エンドウマメと大根がひざ丈まで育っている。畑を歩きながら、彼は得意げに説明してくれた。「エンドウマメの根粒《こんりゅう》菌《きん》〔マメ科植物の根に根粒（こぶ）をつくり、炭水化物をもらうかわりに空気中の窒素を与えて、植物と共生関係を結ぶ細菌〕でたっぷり窒素がつくられて、それを大根が集めて、貯留して、次の春、塊根《かいこん》が朽《く》ちるころに吐き出すというわけさ」。レイに目をやると、いまにも吹き出しそうになっている。私がいろいろ言いたくてうずうずしているのを知っているのだ。とうとう私は口走ってしまった――「デイビッド、なんでたったの2種類……！」。デイビッドは私を見た。ショックを受けた表情だ。感心されるかと思いきや、いきなり疑問を呈されたのだから。「だって、ゲイブ」と彼は言った。「この地域ではそんなにいろいろな種類は育たないよ」。でも、と私。「そこいらの自然のままの牧草地には、ちゃんと多様な植物が育っているじゃないか」。レイはそっぽを向いて笑いを隠している。

私の大胆な意見表明に、デイビッドはすっかり考え込んだ。そして、見事に挑戦を受けて立ち、私が間違っていることを証明しようと、いくつもカバークロップを植えはじめた。そしてもちろん、いまや完全な信奉者だ。その信奉ぶりといったら、オハイオ州立大学のラフィク・イスラム博士や自然資源保全局のジム・ホアマンと組んで、カバークロップの効果の数値化に莫大な時間を注ぎ込んでいるほど。来る年も来る年も、化学肥料をろくに使わず、見事な収量のトウモロコシを育てている。ふんだんに繁茂するカバークロップは、思わず「いったいどれだけたくさん牛に食べさせられるだろう」と舌なめずりしてしまうほどだ。

デイビッドの土は、すばらしいの極致。鋤を差し込めば、畑全体、ダークチョコレートケーキそっくりの表土がゆうに45センチは姿を現す。近隣の慣行農法で耕された土地に足を踏み入れれば、出てくるのは、固くしまった黄色い粘土ばかり。差は歴然だ。これぞ、リジェネラティブ農業のパワー。

デイビッドの農場をはじめて訪ねた1年後、グレートプレインズ不耕起会議で昆虫学者のジョナサン・ラングレン博士の講演を聴いた。当時、ラングレン博士は農務省の農業研究局で働いていた。昆虫学者の口から、「害虫」ではなく「益虫」についての話が聞けるとは、私は有頂天になった。話を聴き、農地をひとつの生態系として捉え、その一環として、害虫を食べてくれる虫や花粉を運んでくれる虫に棲み処を与えることの重要性がよりいっそう実感できた。

ラングレン博士によれば、人間活動にとって「害虫」とされる虫は、世界に３５００〜１万５０００種存在する。これらの虫は私たちの食料を食い荒らし、家をだめにし、子どもを嚙み、病気を媒介する。事実、虫は何世紀にもわたり、戦争で死んだ数以上の人間を殺してきた。ほとんどの人は、ばい菌をいやがるのと同じように、虫に悪いイメージを抱いている。でも、そうした害虫がいる一方で、人間にとって有益な虫も４００〜１７００種いる。これらの益虫がいなければ、食物連鎖も生態系も崩壊してしまう。つまり、人間は虫に依存しているのだ。果物や野菜や花が好きな人は、ミツバチやチョウやフンコロガシに感謝するといい。世界には昆虫を食べる食文化もたくさんある。また昆虫は、鳥など、ほかの多くの生物の食料源でもある。ミミズをふくむ地中の虫は土の健康にも欠かせない。１０００平米の健康な土のなかには、２億５０００万匹もの虫が存在するとの研究結果もある。

ラングレン博士に言わせれば、昆虫は〝自然の農薬〟だ。つまり、「いい虫が悪い虫を食べてくれる」。なかには驚くほど効果的な捕食活動をする昆虫もいる。たとえば、テントウムシは害虫を食い尽くす。もし、畑に害虫がはびこったら、それは捕食者が足りないせいだ。ほとんどの農家は殺虫剤を使って害虫を殺すけれど、そのとき彼らは、捕食者となってくれるはずの虫も一緒に殺していることに気づいていない。これではまるで、わざわざ万全を期して、害虫退治に欠かせない捕食昆虫を駆除しているようなもの。ラングレン博士によれば、農地に十分な数の益虫を確保するカギとなるのは、「多様性」、そして、「殺虫剤を使わないこと」。リジェネラティブ農業は、生物多様性をうながすことで害虫に立ち向かう。これは科学的に裏づけられたアプローチなのだ。

「畑のような限定された環境下では、多様性を増すことが害虫の減少につながる」とラングレン博士。「実際にトウモロコシ畑などで、生態系の種のバランスから害虫の増加が予測できる。具体的には、多様な虫がいること、そして種のバランスがとれていることが、害虫の減少につながる」

科学的には、これは昆虫と植物の驚くほど複雑な関係から説明できるという。畑に多様な植物が生えている場合、状況は次の3つのうちのどれかになると考えられる。

1. 植物が多すぎて、害虫の影響が大きくならない
2. 益虫の勢力によって害虫が抑制される
3. 植物自体が、土壌の改善や益虫の存在に呼応して生理学的に変化し、害虫を引き寄せにくくなる

ラングレン博士によれば、益虫を守るいちばんシンプルな方法は、耕すのをやめること。そして、できるだけ多種のカバークロップを生やすこと。わかるだろうか？　このふたつは、レイ・アーチュレッタが土壌の回復のためにすすめていたふたつと見事に合致する。耕すことで、害虫の蔓延《まんえん》に対する植物の抵抗力は著しく下がってしまう。むき出しの土もよくない。

不耕起会議でラングレン博士と話したとき、私はミツバチやフンコロガシのことは知っていたけれど、そのほかのさまざまな昆虫のことは考えたこともなかった。虫たちが提供してくれる〝サービスの全容〟は認識できていなかった。以来、うちの農場にラングレン博士を何度も招き、どんどん学びを深めている。博士もまた、私や息子のポール、リジェネラティブ農家の仲間たちと関わったことで、研究を考えなおせたと言ってくれた。従来型の再現実験をして、データを寄せ集めて、査読付きの学術雑誌に発表するのではなく、なぜリジェネラティブ農法の畑がうまくいくのかに目を向けてみようと考えたのだ。そこで助手や院生のチームをうちの農場に引き連れてきて、ある区画に棲息《せいそく》する昆虫の数をひたすら数え上げていった。また、近隣の慣行農法とリジェネラティブ農法の農地の比較も行った。結果は、リジェネラティブ農法の農地では、害虫の数が慣行農法の農地に比べて10倍も少なかった。この研究はその後、査読付き論文として発表されている。

博士のこうした〝現場ベース〟の研究によれば、生態系はどんなに多様でも、多様すぎることはない。また、リジェネラティブ農法を取り入れることで、益虫の数はあっという間に——場合によっては1年で——増えるという。

畑や牧場や庭に多様な虫を棲まわせる大切さを知った私たちは、うちの農場でも虫を増やそうと取り組みはじめた。敷地の地図を眺め、花粉を運ぶ虫を引きつける植物を筋状に植栽していく。植えるのは一年草や多年草の草木やマメ科の植物で、花粉を運ぶ虫のほか、害虫を捕食してくれる虫にも棲み処を与える。うちの農場では、クローバー、チコリ、暖地型のイネ科植物、オオバコ、ミヤコグサ、エキナセアなどを植えた（カラー口絵21参照）。果樹園にも同じ組み合わせを植えた。これらの植栽は、場合によっては家畜たちに食べさせることでさらなる収益のもととなる。どこの農場にだって、ひとつくらいは歪《いびつ》な土地が余っているはずだ。やらない手はない。

## 〝カオスの園〟

オハイオ州のデイビッド・ブラント、カンザス州の農家仲間ゲイル・フラー、そして私の3

人は、いつも「だれがいちばんすごいリジェネラティブ農法の実験を思いつくか」で競い合っている。２０１２年、私はラングレン博士の言葉を胸に、カバークロップをとんでもなく多様にしたらどうなるか実験してみようと思い立った。

まずはカバークロップを20種以上――トウジンビエ、キビ、アワ、ササゲ、クリムゾンクローバー、大豆、アローリーフクローバー（トックリツメクサ）、バーシームクローバー、サンヘンプ（クロタラリア・ジュンセア）、ソバ、亜麻《あま》、オーツ麦、レンズマメ、ヒマワリなど。そこにさらに20種以上の一年草の花を混ぜた――カレンデュラ（キンセンカ）、アスター（シオン）、ベゴニア、デイジー、コスモス、ゼラニウム、マリーゴールド、パンジー、朝顔、ペチュニア、キンギョソウその他いろいろ。でも、主役となるのは野菜たち――スイートコーン5種、マメ8種、カボチャ数種、スイカにマスクメロン、ラディッシュ、かぶ、ニンジン、レタス、ホウレンソウ、なす、トマト、トマティーヨ、ズッキーニ、ケール、ビーツ、キャベツ、カリフラワー、玉ねぎほか多数。

――ということで、これら70種以上の野菜と花とカバークロップを庭の12万平米の〝菜園〟に植えてみた。その年は平年を大きく下回る雨量だったけれど、すべてがワサワサ育った。それもそのはず。郡の土壌保全委員会の区画で行ったカバークロップの実証実験（60ページ参照）を思い出してほしい。あのときと同じく、この12万平米の菜園のなかで、バクテリア、原虫、真菌、線虫、ミミズ、花粉を運ぶ虫たち、害虫を捕食する虫たちなど、土の食物連鎖がまるごと大繁栄したのだ。見た人みんなが「よく育っている」と感心した。文字どおり、ごちゃごちゃのカオス。というわけで、〝カオスの園〟と名づけた。

　菜園には信じられないほど多様な虫の姿が見られた。それらを見ていて、「健康な生態系には多様な虫が不可欠」というラングレン博士の言葉を思わされた。農場見学に来た人を案内するときも、いつもまずここに案内する。ここには生態系の働きについて知るべきすべてがある。見て、さわって、においを嗅《か》ぐこともできる。


　さて、このカオスの園、実験としては楽しかったけれど、実用的ではない。まず、費用がかかりすぎる。そして、収穫が難しい。シェリーに言われて夕食の野菜を取りにいくと、持ち帰るはずの野菜に次々つまずく始末。野菜を収穫するはずが、どんどん踏みつけてしまうのだ。

　とはいえ、この経験で、野菜の植え方は大きく変わった。「ごちゃ混ぜの植物が絡み合う園」にはせず、たとえばスイートコーンを１列植え、そこから40センチほど空けてマメを１列、反対側にも40センチ空けてサヤインゲンを１列、という具合。これが小さな生態系となって、イネ科のトウモロコシがリンを循環し、マメ科の２種が窒素を循環し、菌根菌によってお互いに届けられる——もう言わなくてもわかるだろうか？　この形なら、それぞれの野菜を簡単に収穫できるし、なおかつ、健康な生態系に欠かせない多様性も確保できる。

もうひとつ大成功を収めた実験がある。シカを防ぐフェンスを立てて、45メートル四方の区画に〝フーゲルカルチャー〟をふたつつくる。〝フーゲルカルチャー〟とは何か？　ドイツ語で「盛り土農法」を意味し、倒木や剪定枝《せんていし》を活用する手法を言う。うちではまず農場の枯れ木から丸太を切り出し、それらを並べて、幅4メートル弱×長さ30メートルほどの枠をつくった。次に、この枠の内側に丸太や枝を入れ、堆肥や土を混ぜていく。こうして高さ1・2メートルほどの盛り土ができあがる——というわけで、〝フーゲルカルチャー〟だ。木や堆肥はだんだん朽ちて土になるので、また上に足していく。

よく、見学に来た人たちに「なぜこんなにたくさん木を積んでいるのか？」と訊かれる。答えは、これまた畑のもっとも大切な要素である「炭素」に行きつく。木は炭素に富む。それが生物たちのエサとなる。また、木は湿気を保つ。これは乾燥地域では大きなメリットだ。年月を経て、フーゲルカルチャーに入れた木は生物分解し、きわめて健康な土をつくり上げ、栄養価の高い野菜が育つ。

菜園はもちろん耕さない。ジャガイモさえもだ。ジャガイモを〝植える〟ときは、単に種イモを地面に置き、アルファルファの干し草を薄くかぶせる。かぶせすぎてはダメ。やわらかな芽が干し草をかきわけて顔を出すのに苦労するから。夏のあいだ、干し草が微生物によって分解されてきたら、株回りに干し草を足して、雑草の発芽を抑える。収穫したくなったら、干し草をめくれば、ジャーン、そこはもう、ジャガイモ！（カラー口絵18、19参照）掘る必要もなく、洗うのも簡単。たしかに、サイズはちょっと小さめかもしれない。でも、グリルにはむしろ最高なくらいだ。

先ほど書いたとおり、菜園にはいろいろな野菜や花をそれぞれ列にして植える。花粉を運ぶ虫や害虫を捕食する虫を引き寄せる花も忘れずに植える。たくさん花を植えることで、一部は花束にしてファーマーズマーケットで売ることもできて、またひとつ新たな収入源が生まれる。

秋の終わり、すべての野菜の収穫が終わったら、移動式のニワトリ小屋を菜園に引っ張り込み（第5章で詳述）、残っている野菜や葉っぱをニワトリたちにきれいさっぱり食べてもらう。彼らの落とし物が、これまた土の上に見事な肥料の層をつくる。

菜園のニワトリと言えば、一度、カリフォルニアのラジオ番組のインタビューに出演したことがある。テーマは、畑や菜園の土をどうよみがえらせるか？　私はノースダコタの自宅から電話で参加した。もうひとりの出演者はカリフォルニアの土壌科学者の女性。司会者にまず、菜園の様子を教えてほしいと言われたので、土を耕さずにいろいろな野菜を混ぜて植え、草や木や花も一緒に植えることで、花粉を運ぶ虫や害虫を捕食する虫を引き寄せていることなどを話した。そして、秋になると菜園にニワトリを走り回らせて、土を肥やし、土壌生物を活性化していることを説明した。ＣＭをはさんで、司会者が土壌科学者の女性に質問した。「どう思われましたか？」「いや、これはちょっとできませんね」と彼女。「まさか野菜の近くにニワトリを放すなんて。野菜が汚れそうです。だって……」と彼女は続けた。「うちでは野菜を収穫するとき、虫一匹いないように、収穫の直前にすべての野菜を消毒しているんですよ！」。これには我慢ならなかった。私は割り込んで、こう言った。「そんな野菜をあなたは子どもたちに食べさせたいのですか？」。司会者があわてて遮《さえぎ》り、「ではＣＭに入ります！」。これには笑うしかなかったけれど、「野菜に殺虫剤をかけるよりも、虫を食べてくれるニワトリの方が心配だ」とは、まったくなんて悲しいことだろう。

さて、うちの菜園の話に戻る。ニワトリたちのすばらしい仕事がすんだら、今度はアルファルファの干し草のロールベールをほどいて、菜園全体にばら撒く。こうする理由はいくつもある。ここノースダコタでは、霜の降りない日が少なすぎて、野菜を育てたあと、カバークロップが十分に育たない。だから、代わりに干し草が〝天然のよろい〟となって土を保護し、微生物にエサを供給する。春になったら、干し草をかき分けて野菜の種を播く。窒素分に富むアルファルファは徐々に微生物に分解されていく。そうしたら次はウッドチップを敷き詰めて雑草を防ぐ。ウッドチップとアルファルファは炭素と窒素のバランスを整えてくれる（炭素と窒素の割合の重要性については第7章で解説する）。

穀物から種をとるように、菜園で育てた野菜からもいろいろな種をとる。ノースダコタの冬は早すぎて、種をつけるところまでいかない品種もあるけれど、ほとんどは大丈夫だ。大規模な農地でも、菜園でも、自分のところで育てた作物から種をとれるというのは、ものすごく大きなメリットだと思う。植物が大きく育って種をつけたら、それは、その植物が健康であるという証し。そして、それこそがいちばんのゴールでは？——健康な植物、健康な土、そして健康な生態系！

# 第4章
# 牛が牛でいられるように

破滅的な4年間が過ぎて、その後の数年はまだ「牛たちをいかに太らせるか」に主眼をおいた管理を続けていた。でも、時が経つにつれ、家畜の管理ももっとホリスティックにできると気づきはじめた。太らせることばかり考えていたので、牛たちのサイズは途方もなく巨大化していた。２００７年には平均６３０キロ以上に到達。こんなサイズの牛たちを食べさせるには莫大な費用がかかる。一方、太らせなかった小さな数頭はいつも健康で、きちんと子どもを産むことに気づいた。

これに気づいたことで、私の見方には重要な変化が生まれた（すでに書いたとおり、これは

「やり方の変化」よりずっと大切な変化だ）。牛たちのサイズはもはや環境に合っていない――明らかに大きすぎだった。26年にわたって、私は登録品種の雄牛を育て、売ってきた。とにかく数字ばかりを追いかける日々だった。離乳時の体重、一歳時の体重、期待後代差（ＥＰＤ）〔遺伝的評価値〕。そしてわかってきた。これらの数字は、収益性の要素としてはほとんど無意味なのだ。重要なのは、うちの農地で「草」が「肉」に変わること。「体重をどんどん増やす」という生産モデルのせいで、私たちは間違った方向に進んでいた。考えるべきは、面積あたりの収益性であって、体重の重さではないのだ。

　そんなわけで、小さめの牛から生まれた雄牛や雌牛を徐々に残すようにし、また小さめの骨格の雄牛を交配に使うようにした。こうして牛たちを小型化し、〝小食〟で牧草が長持ちする群れに変えていった。

　体格の小型化とともに、管理方法もいろいろ変えた。これまでずっと牛の解体をしてきたけれど、牛の体内には鳥のような砂嚢《さのう》があった試しはない。それなのに、なぜ自分は牛たちに、まるで鳥たちのように穀類を食べさせているのだろう？　これは牛の進化の歴史に反するのでは？　自家消費用の牛には、以前から牧草しか食べさせていなかった。その方が健康にいいからだ。であれば、なぜ残りの牛には穀類を食べさせるのか？　この気づきは、うちの牧畜に大きな変化をもたらした。

駆虫剤の使用もやめることにした。耳に取り付ける耳標型忌避剤も、そして延々と続くワクチンも。これらはどれも症状に貼る絆創膏《ばんそうこう》のようなもの。本当の問題、つまり「生態系の機能不全」を解決してくれるわけではない。その夏は７月まで待ってから雄牛と雌牛の交配を行った。こうすれば、子牛は極寒の２月や３月ではなく、４月に産まれる。群れの数も減らし、交配期間も60日間に短縮した。新しい放牧システムのおかげで、群れの移動もより頻繁にできるようになった。おかげで、高密度に放牧しつつ、牧草が再生する期間をより長く確保することが可能になった。

２０１０年、交配時期をさらに遅らせて、８月の１週目まで待ってから交配を行った。交配の期間も45日間まで短縮。牛たちをすべてひとつの群れにまとめたことで、牧草地の管理もしやすくなった。

２０１１年、牛たちが出産を迎えたとき、ついにすべてが自然と同期したのを感じた。季節は、野生のシカが子ジカを産む初夏だった。出産の季節が変わったことで、もう雹を気にする必要もない。泥も、氷も、関係ない。子牛が病気になって、乳房が汚れて、耳が凍傷になって、囲いに入れて、牛もイライラ、人間もイライラ、寝床を管理して、初産牛の世話をして、仕事の苦労を自慢し合って……そんなすべてが消えうせた。牛たちは栄養状態も抜群。心地よいきれいな環境で出産し、子牛たちは健康そのもの。この一連の変化は、これまでにさまざまな決断を下してきたなかでも、一、二を争うほどの成果をもたらしてくれた。

## 輪換放牧のシステム

新しい出産管理スケジュールはその後ずっとうまくいっている。12月から2月にかけては、雌牛と子牛を一緒にカバークロップの上で放牧する。すべてが凍りつく本格的な冬が到来すると、牛の移動（輪換放牧）の頻度は落とす。本当は毎日動かした方がいいことはわかっている。でも、10月から3月にかけては講演などで家を空けることが多いので、農場の人手が減る。ポールひとりでは、牛の移動は2日に1度がせいぜいというところ。この世に完璧はないのだ。そして、忘れてはいけないのは、環境を再生するリジェネラティブ農業では、自分自身の心と体の再生もその大切な一部だということ。だから、ときには恐れずに休息をとって、仕事の負担を少しくらい減らすべきだ。

放牧する際、うちの農地は外周をくまなく電気柵で囲っているので、そこから電気をとって、ポリワイヤーの仮のフェンスを設置していく。まず給水器付近にひとつめのフェンスを立てて、牛が1日分の草を食めるようにする。望ましい程度まで牛が草を食べたら、奥に次のフェンスを立てて、前日のフェンスは巻き上げて、新しい区画へ牛を移動する。これを土地のいちばん奥まで繰り返す。牛たちは、水を飲むときは、前日までに食んだ区画を通り抜ける形で給水器まで戻る。でも、高密度放牧なので、いちばん奥の区画に行き着くまでのサイクルはたかだか数日。だから、「給水器付近の区画が、水を求める牛の大群に踏みつぶされてむき出しになる」という事態にはならない。いちばん奥の区画まで行ったら、今度は給水器の反対側に区画をつくっていく。

雨が降ったらどうするか？　牛たちをどこか別の場所に引き上げるかって？　いや、そんなことはしない。牛たちはどの道どこかに置いておくのだから、それだったらいま食べているものをそのまま食べさせておきたい。雨でぬれたところを牛が踏んで、土地が傷《いた》まないかって？　うちの農地ではとくに問題ない。大雨が降れば、多少のぬかるみはできる。でも、1、2年もすれば、また平らに戻る。もちろん、粘土質の土なら、ぬかるみはもっとひどくなるかもしれない。でも、私のアドバイスは、「何が起こっても、がっかりして耕耘機《こううんき》に飛びついたりしないこと」。深呼吸して様子を見る。必ず自然が解決してくれるはずだ。大きな局面で見れば、農地の一部がぬかるんだところで、とんでもないことになったりはしない。

通常、うちでは地上に生えた草の30〜40パーセントくらいを牛たちに食べさせるようにしている。50パーセントまで食べてしまっても、根の成長には影響ない。でも、60パーセントまでいってしまうと、根の成長は半減してしまう。この度合いは、放牧するすべての人間が意識しておくべきだ。残った草も脚で踏みつけられることになるけれど、これは年によっても、また成牛か若牛かなどによっても違う。平均すると、春から秋にかけては、３００頭の牛たちを1日1回移動させ、２００〜４００頭いる若牛たちは1日1〜7回移動させる。

ものすごい労力に聞こえるかもしれないけれど、どんな場合であっても、物事を簡単にするも複雑にするも、その人の気持ちひとつ。うちは〝簡単にする〟を選んだ。うちの農場では、牧草地のサイズはほとんどが6万〜16万平米。1日1回、移動式フェンスを立てて区画を分けていく。区画のサイズは４０００〜1万平米程度で、求める放牧密度に応じて変える。放牧密度は、１０００平米あたり５６００〜8万キロ（実際にどんな風景になるかはカラー口絵11参照）。1日2回以上牛たちを移動させたいときは、ニール・デニスが使っていたようなソーラー式の自動開放装置（66ページ参照）をゲートに取り付ける。あらかじめタイマーをセットすれば、牛たちは勝手に次の区画に移動してくれる。これぞ〝お互いハッピー〟だ。

ひとつ補足しておきたいのは、必ずしもいつもこの頻度で牛たちを移動させているわけではないということ。少し休暇をとりたいときは、いつだって区画を大きめにすれば、滞留時間を長くできる。生活の質もちゃんと確保できる。

ふつう、牧草地以外の農地では、秋に作物の収穫が終わったあとにしか放牧しない。でも、カバークロップを作物として育てて、春から秋にかけても放牧すれば、土の状態はよりよくなる。うちの農場ではこれを一年に何度も、土の状態によって、雌牛や若牛などを使い分けながら繰り返している。

いくつか例を挙げよう。土の健康にいい組み合わせは、ライ麦とヘアリーベッチ。春のはじめ、このふたつは牛たちの最高の飼料となる。これらを食べていれば、品種や用途を問わず、どんな家畜もよく太る。また、これらは土を分厚いマットのように覆ってくれる（第２の原則「土を覆う」）。そのためにも、ライ麦に花粉ができはじめるまでしっかり育てる。そのあと、肉牛を高密度で投入する。うちではよく雌の若牛を使う。エサとしては育ちすぎのライ麦だが、それでいい。太らせることが目的ではないから。大好物とは言えなくても、牛たちはちゃんと食べるし、体重も少しは増える。食べさせるのは、地上部の25パーセントくらいまでにとどめる。残りは脚で踏みつけられる。望ましい踏み具合にするには、だいたい１０００平米あたり５万６０００キロ以上の密度が必要だ。

続けてカバークロップを育てる際は、上から直接次のカバークロップを播いていく。除草剤は使わない。ライ麦のアレロパシー作用（ほかの雑草の成長を抑える作用）と、草の残渣が地表をカバーすることで、雑草の繁殖は抑えられる。うちの農場では、雑草の抑制にいちばんいいカバークロップは、ライ麦とスーダン型ソルガム。地表をこのどちらかの残渣がしっかり覆っていれば、次の作物を育てる際に除草剤を使う必要はほとんどない。

牛たちの移動は、たいていは1日1～2回だが、これはどちらかというと労力のバランスだ。移動はつねに午後。なぜか？　植物のエネルギー量がいちばん高くなるのはいつだろう？　もちろん、日光の照射量が最大になる午後だ。そして、動物はエネルギー源を追い求める。かくして、牛たちはまずスーダン型ソルガムの茎から葉をむしり取り、その後マメ科やアブラナ属を少しかじる。うちの農場では、仕上げの肉牛の体重増加が毎日平均2キロ近くに及ぶこともめずらしくない。筋内脂肪がどんどん増える。オメガ3脂肪酸や共役リノール酸など、あらゆる栄養素がふくまれる良質な脂肪だ。

すでに書いたとおり、うちでは、カバークロップにも化学肥料をまったく使わない。健康な土が栄養素をちゃんと循環させてくれるからだ。でも、もしあなたの農地が〝化学肥料慣れ〟してしまっているなら、カバークロップにも化学肥料をやる必要があるかもしれない。ただ、使用量はできるだけ落とすことを強くおすすめしたい。土を徐々に回復させていこう。

カバークロップ・ブレンドの具体的な〝レシピ〟をよく訊かれるけれど、そうしたレシピの提供は意図的に避けている。というのも、うちの農場でうまくいくことがあなたの農場でもうまくいくとは限らないから。よりどころにしている原則は紹介できるけれど、それぞれの場所の土と環境で何がうまくいくかは、みなさんひとりひとりが自分で実験して見つけ出していくよりほかない（原則の詳細と、うちの農場のカバークロップの手法については、第8章でよりくわしく解説する）。

このようなホリスティックな放牧を導入すると、家畜を〝いつ〟〝どこに〟移動するかの幅と選択肢が目覚ましく増える。うちの農場では、これをうまく使うことで、殺虫剤にたよらずにハエや寄生虫を防除できるようになった。牛たちを移動させて糞から引き離してしまえば、ハエが糞に産卵しても殺虫剤は必要ないのだ。同時に、フンコロガシなど捕食昆虫の数も劇的に増えてきた。殺虫剤をやめてから、はじめてフンコロガシの姿を見るまで2年もの歳月がかかった。いまでは、ポールが農場内で目撃しているフンコロガシの種類はじつに17種に及ぶ。その他、香《コウ》雨《ウ》鳥《チヨウ》、ミドリツバメ、トンボなど、ありとあらゆる野生の捕食者たちが害虫を抑制してくれる。牛につく寄生虫の「行きどまり宿主」（それ以上感染を広げない宿主）として機能してくれる羊も放牧している（124ページ「すべての牧場は羊を飼うべし」参照）。答えはすべて自然がつくってくれている。必要なのは、それを賢く生かすことだけ。

もうひとつのメリットは、家畜の力で有害な雑草を抑えられること。たとえば以前、20年にわたって農務省の保全休耕プログラムの対象となっていた土地を借りたことがある。そこに生えていたのは、イネ科と少しのアルファルファ、あとは有害な雑草ばかりだったが、不安は少しもなかった。高密度放牧にすると牛たちの動きが変わり、セイヨウトゲアザミのような望ましくない草もすぐに食べてくれるようになるのだ。おかげで、有害な雑草や外来種の蔓延を大幅に減らすことができ、逆にほかの草木はより多様に、より健康になっていった。うちの牛たちは、セイヨウトゲアザミばかりか、ニガヨモギなどのどうしようもない雑草に至るまで、いやがらずに食んでくれる。

## 効果の検証

さて、こうした管理を続けてきて、結果はどうだったか？　土壌は本当に再生できたのか？　農地の状態はどうなったのか？

リジェネラティブ農業のパワーを立証するために、さまざまな取り組みによる変化を数値化してみたいと思い立った。世界を飛び回って講演するようになったことで、幸いたくさんの科学者や研究者と会う機会があった。そうしたつながりを生かして、うちの農地の状態を分析し、ほかの農法の土地と比較検証してみることにした。

対象に選んだのは4つの農地。もちろん、ひとつはうちだ。4か所とも土のタイプは同じで、距離的にも近い（気候条件をなるべくそろえるため）。それぞれの土地の管理方法は次のとおり。

**農地1（多品目栽培＋耕起あり）**

さまざまな穀物を栽培している。種まきの準備や雑草防除のために耕起を行っている。栽培品目は、春小麦、大麦、オーツ麦、亜麻、大豆、その他マメ類、ヒマワリなど。スイートクローバーなどのカバークロップも栽培し、土にすき込んでいる。天然由来の土壌改良材も使用。化学肥料、農薬、除草剤、殺菌剤は不使用。家畜はなし。

**農地2（最小限の耕起）**

最小限の耕起を行い、おもに亜麻と春小麦を育てている。ごく稀《まれ》にヒマワリも育てている。エアー式播種機で、種まきの際に窒素肥料の無水アンモニアを施している。そのほかの化学肥料は不使用。必要に応じて、除草剤、農薬、殺菌剤は使う。家畜はなし。

**農地3（平均的な品目数＋不耕起）**

長年不耕起で、トウモロコシ、ヒマワリ、大麦麦芽、大豆、春小麦など、平均的な品目数の作物を栽培している。化学肥料、除草剤、農薬、殺菌剤は大量に使用し、収量を最大化。家畜はなし。

**農地4（わが家／多品目の混植＋不耕起）**

不耕起。作物もカバークロップも多品目。化学肥料、殺菌剤、農薬不使用。畑にも家畜を組み込んでいる。

それぞれの農地で、同じ日に土のサンプルをとり、水分浸透速度を測定した。測定は、テキサス州にある農務省の研究所で、リック・ヘイニー博士が実施。結果は表1のとおり。水抽出性有機態炭素（ＷＥＯＣ）は土壌生物のエサとなるもの。有機物が微生物の家だとすれば、ＷＥＯＣは家のなかの冷蔵庫だと考えるとわかりやすい。

結果から何が読み取れるか？　おそらく最初に目につくのは、農地4（わが家）の土壌栄養素の数値が高く、有機物や炭素の値もよく、水分浸透速度もほかの農場を上回っている点だ。一方、残りの3つの農地の値にほとんど差が見られないことも特筆に値する。

### 表1　農地の土の比較検査結果

| | 窒素（キロ） | リン（キロ） | カリウム（キロ） | 水抽出性有機態炭素（ppm） | 有機物（パーセント） | 水分浸透速度（ミリ／1時間あたり） |
|---|---|---|---|---|---|---|
| 農地1 | 0.9 | 70.8 | 43.1 | 233 | 1.7 | 13 |
| 農地2 | 12.2 | 110.7 | 61.7 | 239 | 1.7 | 18 |
| 農地3 | 16.8 | 98.4 | 90.3 | 262 | 1.5 | 11.4 |
| 農地4 | 127.5 | 456.3 | 793.3 | 1,095 | 6.9 | 762 |

この比較検証の結果から導かれるポイントは以下のとおりだ。

・耕起は、土の健康をあらゆる面で損なう
・栽培品目が少ないと、土の健康が損なわれる
・化学肥料の多用は土の健康を損なう
・家畜の活用は土の健康にプラスの作用となる

このデータを見ると、農地をひとつの生態系として管理することがいかに大切かがわかる。そうすることで、家族も、農場も、コミュニティも、地球も、すべてが癒やされ、回復していくのだ。

私はその大切さを、農場コンサルタントの故ジェリー・ブルネッティから学んだ。その画期的な著書『農場は生態系だ（*The Farm as Ecosystem*）』のなかで、ジェリーは、農場や牧場をひとつの生態系として管理することの重要性を雄弁に説いている。その教えには永遠に感謝している。とくに、自然をよく観察する目を持

つということ。植物、動物、そして土を通して、自然はすべてを教えてくれている。私たちはただ、それを受け取ればよいのだ。

# 第5章 次世代に引き継ぐ

息子のポールは、父ゆずりの農場好きだった。ずっと農場の仕事を継ぎたがっていて、いざ高校の卒業を控えて「卒業後はすぐにフルタイムで農場の仕事をさせてほしい」と懇願してきた。さすがにそれはできないと伝えた。たとえ少しのあいだでも、親とは別のところで経験を積んでほしかったからだ。ポールはしぶしぶ大学へ進んだ。深夜に何度も彼が文句の電話をかけてきたことをなつかしく思い出す——「父さん、大学では間違ったことを教えているんだよ！次から次に、うちがやめたことばかりを教えようとするんだ！」。私はいつもていねいに話を聞いてやり、電話を切るとほくそ笑んだ。まさにこういう経験のためにこそ、ポールには大学

に行ってほしかったのだ。卒業後、ポールはすぐに戻ってきて、わが農場の共同経営者となった。幸い、その数年前に、シェリーの叔父夫妻の農地をすべて買い取ることができていた。農地には古い小屋が立っていたので、そこに新しい窓、ドア、屋根、カーペット、暖房、外壁をつけてまるごと改修した。22歳の独り者の家としては申し分ない。しかも、場所は私たちの家から8キロ。目に入らなければ、気になることもなし。

同業の仲間たちからは、「大学を出たばかりで、いきなり戻ってこさせるなんて絶対によくない」と言われた。「しばらくよそで働いた方が双方にとっていい。戻ってくる前に別の仕事をしてみて、本当に農業をやりたいのかどうか考えるべきだ」と。それについてはシェリーも私も考えた。でも、自立的な思考と責任感をしっかり身につけた若者は、自分の職業を自分で決めてしかるべきだ。ポールを卒業後すぐに農場に戻ってこさせたことを私たちはまったく後悔していない。

興味深いことに、「ポールに無理やりにでも農場以外の仕事を経験させるべきだ」と言った友人たちの子どもは、だれひとりとして農場に戻ってきていない。農家出身のポールの同級生たちを見ても、実家の農場に戻った者はほとんどいない。まさかポールだけが特異なケースだとは、じつに残念な事実だ。なんと悲しいことだろう！　これこそ、現代の農業が生み出してきた結果にほかならない（これについては第10章でくわしく説明する）。

ある会議に参加したとき、登壇者がこんな質問を投げかけた。「みなさんのなかで、息子さんや娘さん、あるいは親戚のだれかが農場を継いでくれた、または継ぐ予定だという人はどのくらいいますか？」。客席にいた２００人近くのなかで、いったい何人が手を挙げただろう？　わずか、ふたりだった——私と、もうひとりだけ。これには仰天した。30人、あるいはもっと多くてもおかしくないと思ったのに。この日、１２０か所を超える農場から参加者が集まっていたなかで、たった２か所しか、農場を継ぎたい娘や息子や姪《めい》や甥《おい》がいなかったとは、信じがたい気持ちだった。

どうか誤解しないでほしい。農業を仕事にしたくない子どもがたくさんいるのは当然だ。そのこと自体はまったく問題ない。だれもが自分の夢を追うべきだ。けれど、なぜ若者を引きつけるような活力ある農場がたった２か所しかないのか？　この会議のあと、私はこのことについてあれこれ考えをめぐらせ、たくさんの農家や若者に問いを投げかけてみた。出てきたのはおもにふたつの理由だった。①農場の収益では2世帯分の生計を支えられない。②就農にコストがかかりすぎる。私が思うに、このふたつの問題の解決策は密接に結びついている。

## わが家の将来計画

義父母に「農場を引き継がないか？」と声をかけてもらい、一緒に働くこと8年。彼らがいきなり農場を3つに分け、3人の娘に3分の1ずつを割賦契約でゆずるという驚きの決断をしたことはすでに述べた。この決断によって、私たちは事実上、シェリーの取り分の支払いだけでなく、シェリーの姉妹の取り分まで支払うことになった。私たちはシェリーの姉妹に賃料を支払い、彼女たちはそれをローンの返済に充てた。シェリーの姉妹が農場の貴重な一部である土地を私たちに使わせてくれたことには感謝している。でも、この重い教訓を踏まえて、私たちは〝自分たちの農場〟をいかにわが子たちに引き継ぐかを決めることになった。

「兄弟のひとりだけが農場に戻り、ほかの兄弟は別のキャリアに進んだ。それなのに親が相続計画を準備していなかった」という話をそこかしこで耳にしてきた。時がたって、突然親が死に、農場は子どもたちに均等に分配される。そして、農場に戻った子どもは苦境に陥り、兄弟の土地を買い取ったり、最悪の場合、農場を追われることにもなる。ポールをそんな状況に陥らせるわけにはいかない。彼が農場に戻ってくるよりはるか以前、彼がまだ大学を卒業もしないうちから、ポールにはうちの相続計画についてしっかり伝えておこうと考えた。

ポール、そしてケリーとは腰を据えて話し合った。ケリーは農場に戻る気はなかった。

もしその気があったら、ふたりとも農場に戻ってこられるように手はずを整えただろう。私たちはすべての土地を、収益を生み出せる「生前信託《リビング・トラスト》」に入れた。受託者が土地を所有し、シェリーと私は信託から生み出される収益を死ぬまで、もしくは信託契約の解約まで受け取ることができる。ポールは、私たちが死ぬか、契約を解除した際に土地の権利書を受け取る。彼は信託の管理者でもある。この間、ポールは私たちから報酬の支払いを受けられるし、農場は確実に彼の所有となるので安心だ。

ケリーへのお膳立てが気になる人のために付け加えるなら、私たちが死んだら、現金や預金や株、そして生命保険は全部彼女に行くことになっている。ポールの取り分と同じくらいかと言われれば、もちろんそこまではいかない。でも、公平かと言えば、十分に公平だ。ポールはこれまでずっと私たちと一緒に懸命に働いてきて、これからも人生をかけて農場の資産価値を高めてくれる。その報いは受けてしかるべきだと思う。

きっと「老後はどうやって生計を？」と思う人もいるだろう。回答はシンプルだ――「もし老後に向けて十分な貯金が残せないなら、そもそも農場経営などすべきではない」。後継者に農場を売却して、その売却益を老後資金にするなんて、どう考えてもおかしい。それまで農場の経営を支えてくれた立役者が後継者になることもしばしばだというのに。農場を会社組織のように経営すれば、そんな形に陥ることもない。

もうひとつ言っておきたいのは、こうしたお膳立てをしておけば、健康上の問題が起きた場合も、入院や介護のために農地の売却を迫られることがない。医療費の増大が見込まれるなか、これは重要な検討事項だ。

*column*

## 限りなく長期の計画

農場というものは、親族その他の後継者にきちんと引き継ぐことができて、はじめて〝真にサステイナブル〟となる。今日の農業の問題のひとつは、農地がどんどん断片化していること。子どもが農場を去り、親が死に、子は遺産を一区画ずつ売り払う。いまでは、切れ目のない〝ひとつらなり〟の農園を持つのは、サイズの大小にかかわらず、非常に難しくなってきている。こうしたことを踏まえて、わが農場では「２００年計画」を立てた。

計画の中身は次のとおり。

・農場を生前信託に入れ、まるごと後継者に引き継げるようにする
・会社を設立し、作物の販売を行う
・出資者として地元に生協を設立し、そこでも販売できるようにする
・生態系の機能回復に全力を尽くす（そうすることで農場の生産性と収益性を高める）
・コンサルティング会社の助けを借り、生態系の状態を詳細に把握する
・果樹園を育て、次世代の収入源とする
・収入源の多角化を進め、経営の存続性を担保する
・インターンに事業の一部を移譲し、農業に関わる人材を増やすとともに、商品の拡充を図る

## 家畜の種類を増やす

まだ大学にいるうちから、ポールは農場に変化を迫ってきた。深夜に何度も電話をかけてきて話し込むなか、農場は実際にひとつ大きな変化を遂げることになった。ポールは言った。「父さんはいつも多様性多様性と言っているのに、うちの農場にいる家畜は牛だけだ。ニワトリや

羊、それにブタも飼ってみようよ」。なんてこった！　ニワトリに羊にブタだって？　そんなことは考えたこともなかったけれど、数秒と置かずに即答した――「それもいいな」。というのも、息子の言うとおりだったのだ。多様性がベストなのは農作物だけではない。ポールが卒業後に戻ってくると、私たちはすぐにニワトリを買う計画を立てた。

そして、ちょうど１５０羽のニワトリを売ろうとしている女性が見つかり、取引成立。ポールは晴れて卵売りとなった。最初にやったことは、ニワトリたちの家の確保だ。ポールは１・８メートル×５メートルほどの古い家畜運搬トレーラーを改造して、移動式のニワトリ小屋にしようと考えた。さっそくトレーラーを買い、改造作業開始。古い木の床を剝《は》ぎ取って、そこに金網を敷く。こうすれば、ニワトリの糞が網から落ちて土を肥やしてくれる。側壁には止まり木を４列ずつ渡し、先端部には２００リットルのドラム缶をはめ込んで、そこに自然流下式の給水器を取り付けた。ドラムに水を入れる際は、農場のあちこちにある給水器からホースで水を入れる。そして最後に後部ドアの内側に巣箱をいくつもはめ込む。おかげで卵の回収もラクラク。

さらにいくつか工夫を加えたことで、操作はより効率的になった。まずは台車。ただの二輪の車軸に５センチほどの金属球を溶接し、トレーラーの牽引フックを引っかける。さらに、車軸に金属製の留め金を付けて、ＡＴＶ（四輪バギー）につなぐ（カラー口絵29参照）。これによってトレーラーの移動はぐっとラクになった。いちいちジャッキで上げ下げせずにすむ。もうひとつの工夫は感光性の扉。朝、日が昇ると自動で開き、夕方、日が沈むと閉まる。これによって、夜に獣《けもの》が入らないようにするだけでなく、毎晩ニワトリたちをなかに入れ、朝になったら外に出す手間と時間も浮く。

さて、次は１５０羽のニワトリの卵をどうするか？　ポールは、叔母や叔父、友人、遠縁の親戚などに連絡し、「卵を販売できる」と知らせた。噂《うわさ》はあっという間に広がり、すぐに需要が供給を上回った。ポールは、地元の生産者と消費者をつなぐ地域支援型農業（ＣＳＡ）の団体にも電話をかけ、週1度、市内の決まった場所で卵の受け渡しができることになった。毎週いそいそと荷造りし、市内に配達に出かけていくポール。「何がそんなにうれしいのだろう」と不審に思っていたのだが……ある日、無理やりついていってみて訳がわかった。受け渡し地点に車を停めること数分、10台以上の車がやってきて、なかから若い女性が続々と出てきてポールを取り囲んだのだ！（息子よ、なかなかやるな！）

ポールの卵にはひとつ悲しい事実もあったことを記しておきたい。つまり、当時のノースダコタ州では、ポールがやっていたことはじつは違法だったのだ。州が検査し、認証していない卵は販売が許されていなかった。いわゆる「行き過ぎた規制」のひとつだ。健康で栄養たっぷりの食べ物を、個人が政府に邪魔されずに売る権利は守られてしかるべきなのに。残念ながら、これは国中に広がる支離滅裂な食品関連制度の一例に過ぎない。よりよい方向に変化をうながしていくには、今後、たくさんの農家や消費者——つまり私たち、そしてみなさんたち——が声を上げ、力を合わせていくしかない。

## 卵の生産量を増やす

ポールのニワトリ事業は、当初の１５０羽から１１００羽以上に拡大。移動式ニワトリ小屋の数も７つに増えた。もはや手で洗卵できる量ではない。業務用サイズの洗卵装置にバージョンアップして、州の検査を受けるようになり、作業はぐっとラクになった。工場型の養鶏場の卵の卸価格は１ダースおよそ60セント。ポールの卵はといえば、１ダース４・５ドル。それでも喜んで買ってもらえる。みんな栄養たっぷりの卵がほしいのだ。卵は理想的なお試し商品として、お客さんの興味を引く役割も果たしてくれる。放し飼いの卵をひとたび見て味わえば、だれもがこぞってほかの商品も買ってくれる。

さて、これだけ多くのニワトリをどう管理するか？　ニワトリたちは農場の栄《は》えある清掃チームだ。春、夏、秋のあいだは牧草地に放す。牛たちがいた3日後くらいに放すと、ちょうど糞の塊のなかにウジが湧《わ》いている。ニワトリにとってはホヤホヤのごちそうだ。ニワトリというのはすばらしい生き物で、雑食性でなんでも食べる。クローバー、イネ科の草、ハエ、ウジ、バッタ、ネズミ、ときにはヘビ！——なんだってかまわないのだ。うちでは穀物をふるいにかけたあとのごみやくず（くず麦や割れたトウモロコシなどのほか、混入した雑草の根っこなど）も食べさせている。農業で利益を生み出す秘訣のひとつは、ある部門のごみを使って、別の部門の利益を生み出すこと。通常は捨ててしまう穀物残渣をエサとして利用するのはその好例と言える。うちの農場では、ニワトリたちに買い与えているサプリはただひとつ、カキ殻だけ。カルシウムたっぷりで、卵の殻が硬くなる。

冬は寒さが厳しいので、ニワトリたちを移動式ニワトリ小屋に入れたままにはできない。そこで２０１５年に、10メートル×20メートルくらいのビニールハウスを建てた。冬、ニワトリを入れる前にウッドチップをたっぷり敷き詰めて、すばらしき糞の炭素分と窒素分のバランスを整える。春になったらハウスは空っぽにし、最高品質の肥料をそのまま1年熟成させる。完成した堆肥は菜園に撒く。太陽光のエネルギーと１１００羽のニワトリの体温で、ハウスのなかはいちばん寒い時期でも暖かい。冬は穀物残渣とくず肉の組み合わせを与える。ごちそうモリモリのいい暮らしだ。実際、工業的な養鶏のニワトリたちはたいてい1年くらいしか生きない。対するうちのニワトリたちは、もう7年生きているものもいるほどだ。

何年か前、「ナショナル ジオグラフィック」の取材班が3日間撮影のために滞在したことがある。プロデューサーの質問は、「こういう〝本物の放し飼い〟（町へだって歩いていける！）の卵と市販の卵は、実際どのくらい違うものなのか？」。これは絶好の学びのチャンスになると思った私。どこでもいいから店で卵を買ってくるように彼に言った。次の日、現れた彼の手にはオーガニックの平飼い卵。そのまま移動式ニワトリ小屋に連れていって、好きな卵を拾ってもらった。部屋に戻り、買ってきた平飼い卵を鉄のフライパンに割り入れる。いわゆる典型的な卵だ――薄黄色の黄身と水っぽい白身。次にうちの卵を手にとり、すぐ横に割り入れる。その瞬間、彼の顔に浮かんだ表情といったら！　うちの卵の黄身は鮮やかなオレンジ色で、白身はしっかり硬い。すっかりワクワクした彼は、平飼い卵をもうひとつ割り入れる――同じ薄黄色。さらにうちの卵をひとつ――鮮やかなオレンジ色。学びは見事に実を結んだようだ。

## すべての牧場は羊を飼うべし

ニワトリのあと、ポールは今度は羊をほしがった。そして、１３０万平米の牧草地を3段張りの電気柵で囲った。羊ならこのくらいで十分だろうと思ったのだ。「羊には慣れていなかった」どころではない。私もポールも、羊の世話などただの一度もしたことがなかったのだ。ポールはあれこれ調べ、うちの農場にはカターディン種の羊がぴったりだろうということになった。カターディン種は春になると冬毛が抜け、肉質のよさで知られる。肉質こそは品種選びの最優先事項。羊毛はただのおまけだ。おまけなら、毛を刈る負担もない。もちろん、せっかくの羊毛を生かさないことで、ひとつ収入源を失うことにはなるけれど。

結局、数百キロ北の牧場から雌羊20頭と雄羊1頭を売ってもらえることになった。この牧場から買うことにした理由は、駆虫剤やワクチンを施しておらず、飼育環境もうちの土地に近かったから。これなら計画どおりに飼えそうだし、気候にもすでに順応しているはずだ。交配は12月に行い、5月に子羊が生まれる。自然のリズムそのままだ。ただ、「すべては痛い学び」が口ぐせの私。牧草地で子羊を産ませてみたのも、たしかに痛い学びとなった。犯人はコヨーテたち。相当数の子羊をディナーにされてしまった。この問題は家畜用の番犬に仲間入りしてもらうことで解決した。

また、最初のころは、〝勝手に計画放牧〟のような状態になってしまった。羊たちが自分たちで勝手に計画して、そこかしこに移動してしまったのだ。すぐに3段張りの電気柵では不十分だとわかり、段を追加した。羊用の柵や管理方法についてはつねに新たな学びがある。

その後、ドーパー種の雄羊も群れに加えることで、体重の増加や雑種強勢をねらった。うちの農場ではこの交配は大成功で、１歳時点で30キロほどに育つ。エサや健康管理は牛とまったく同じ。ワクチンも駆虫剤もなし。穀物も与えない。自然に子羊を産み、繁殖する。産まない個体は売り払う。うまく順応してくれていて、よく言われる「羊はすぐ死ぬ」はまったくのデマだったことがわかった。

羊の放牧ですばらしいのは、牛と違う種類の草をよく食べてくれること。おかげで、牛の数を減らさずに放牧できる。うちの牧草地のサイズなら、ゆうに数千頭の羊と数百頭の牛を同時に放牧しても問題ない。でも、羊の数を増やすのは、放牧の羊肉の売れ行きがもっと伸びてからにしようと思っている。

## ブタにとってもパラダイス

シェリーは冷蔵庫に「ベーコンが嫌いなはずがあるもんか！」と書かれたマグネットを貼っている。もちろん異存があるはずもない。肉の販売が伸びるにつれて、方々から「放牧の豚肉も売ってほしい」と言われ続けていた。そこで、放牧に向くブタの品種を調べ、採食能力の高いタムワース種と、肉質のいいバークシャー種を選んでみることにした。そして２０１４年、晴れてバークシャーの雌を4匹、タムワースの若ブタを2匹、タムワースの雄を1匹購入、リアルな養豚生活がスタートした。

大規模な養豚は、これまた現代の畜産の歪さを象徴する存在だ。囲いのなかで育てられ、あっという間に本能を失って、子育てもできなくなってしまうブタたち。最初に買ったブタは純血種として囲いのなかで育てられていたので、牛や羊のときと同じように、いい個体の選別を繰り返すことで、うちの農場に合った群れをつくり出していくしかなかった。いっそテキサスあたりにでも出かけていって、イノシシをとっ捕まえてきて、それを増やした方がよかったかもしれない。ブタたちの採食能力や母性本能、産子数は、グロスターシャー・オールドスポット種を何頭か加えたことで徐々に向上した。

4月から10月くらいにかけて、20頭ほどが子ブタを産む。囲いに入れているわけでもないので、冬に産ませることはない。冬にやることと言えば、大きなわらのロールベールをいくつかブタたちのところに出してやるだけ。みんなたちまちもぐりこんで、ぬくぬくしている。

春、夏、秋には、成長して出荷用の仕上げに入るブタたちを多年草の牧草地に放す。マメ科がしっかり入っているといい。併せて、ひき割りのトウモロコシや大麦、エンドウマメ、オーツ麦のほか、穀物残渣も与える。冬のあいだに牛をロールベール放牧した区画にブタを放すと、残ったくずを隅々まで散らしてくれるので好都合であることがわかった。ブタは何もかもを大喜びで引っかき回して、炭素の山のごとき干し草に巣くう真菌や虫を貪《むさぼ》る。ブタが全部やってくれるわけだから、牛が残した干し草や糞をわざわざ土にすき込む必要などあろうはずもない。ブタたちには古い防風林の〝改修作業〟にも活躍してもらっている。古い朽ちた木々を片っ端から引っかき回して、あたり一面掘り返してくれる。それによって草木の発芽がうながされ、ずっと健康的な生態系がつくり出される。

よく「ブタもカバークロップの上に放牧するか？」と訊かれる。試したことはあって、ブタたちもカバークロップが大好きなのだけれど、なにしろ破壊力がありすぎる。次の区画に頻繁に（最低2日に1回）移動するだけの人手を確保できたとしても、あれだけ掘り返されたら土地は穴だらけになってしまって、次の年の種まきが困難になりかねない。よって、この方法は採用しないことにした。

養豚のなによりもうれしいメリットは——もちろんベーコンやポークチョップが食べられるということもあるけれど——金銭的な見返りだ。うちのブタは7か月で極上の豚肉になる。費用対効果で言えば、ブタはハチミツに次ぐ稼ぎ頭だ。

シェリーのマグネットの言葉はやっぱり正しかった。

## 若い世代を育てる

ポールとの共同経営はうちの農場の成功に欠かすことのできない要素だった。そんな自分たちにとって、次の世代の就農を助けることは大きな任務だと考えている。次世代を助けようとしない農家や畜産家を見るたびに、悔しいし、ガッカリしてしまう。農場が競売にかけられるたびに繰り返されるこの光景。駆け出しの農家が入札しようとしても、結局はベテランの農家が落札してしまう。土地の競売でも同じことが起こる。ベテランの農家は土地も道具ももう十分に持っているはずなのに。残念きわまりない。

次世代の就農を助けるためにやっていることのひとつがインターンシップだ。25年も前から、毎年夏に若者たちに働いてもらうようになり、それがいつしかインターン制度という形になった。毎年応募を受け付け、面接を行い、リジェネラティブ農業の道に進む意欲の感じられる若者を採用する。ほとんどの年はかなりの数の応募がある。

インターンの任期はだいたい4月中旬～10月中旬。いくばくかの賃金と住まいを提供する。また、農場のものはなんでも食べてよいことにしている。毎日のように牛ヒレ肉を食べるのはいかがなものかと思うけれど。

次世代の就農を助けたいという思いがあるので、うちではインターンたちにほかではなかなかないチャンスを提供している。任期が終わって、農業への意欲と覚悟を示してくれたインターンには、農場の事業の一部を丸ごと手渡してしまうのだ。つまり、希望する事業の一部を——ニワトリでも牛でも、ブタでも羊でも野菜でもいい——収支もろともインターンにゆだねてしまう。資金も融資し、事業に必要な土地を手ごろな価格で提供し、彼らの生産物をあらかじめ定めた価格で買い取って、わが農場の販路で販売する。きちんと取り組んでもらえれば、しっかり収益が上がる。見習いスタッフとして働きながら、事業を拡大し、資金を貯めることもできる。そうこうするなかで事業のルールが身につき、次のステップに進むころにはたしかな土台ができあがっている。

インターンにはいつも、「最初のうちは事業をポータブルにしておくのが賢明だ」と伝えている。「ポータブル」というのは、土地を買ったり設備投資をしたりしない、という意味。新しい場所に簡単に移動できる事業からスタートする。収益が出たら事業を拡大し、顧客を増やす。顧客が増えたらさらに拡大。そうすることで、より望ましい条件や場所が降って湧いたとき、無理なくそこに移行できる。

また、自分のなかの〝なぜ〟を知ることの大切さも、できるかぎりインターンたちに伝えたいと考えている。自分自身が〝なぜ〟この仕事をするのか。その理由と目的を理解し、どんなときもそこから外れないことは、顧客への直接販売においては（もちろんほかのどんな事業でも同じかもしれないけれど）きわめて重要だ。サイモン・シネックは、このことを名著『ＷＨＹから始めよ！――インスパイア型リーダーはここが違う』のなかで詳細に論じている。うちの農場の〝なぜ〟（理由と目的）は、「生態系を再生し、栄養たっぷりの食べ物をつくり出したいから」。私たちはどんな意思決定をする際もまず自問する――「この決定は自分たちの〝なぜ〟に反しないか？」。この質問を投げかけてみることで、意思決定は非常に簡単になる。

インターンとの共同作業は、農場の仕事のもっとも楽しい部分でもあるけれど、同時にもっともストレスのたまる部分でもある。わが歴代のインターンたちの創意工夫と、無謀さと、およそ想像もつかない混乱をつくり出す普遍的能力には、ただただ驚嘆するよりほかない。彼らの傑作エピソードのいくつかを紹介しなければ、本書は形無しになってしまう。

もう何年も前のある朝のこと。インターンが電話をかけてきて、「牧草地の水はどうすれば止められますか？」と言う。聞けば、牛が給水管に蹄をかけて折ってしまったらしく、辺りが水びたしになっているという。ややこしくなりそうだったので、「あとでやるから心配しなくていい」と伝えた。しばらくして対処に行ってみると、彼はなんとも風変わりなやり方で水を止めようとしていた――折れたパイプになんと小さなズッキーニが詰め込まれている。これには爆笑！　もちろん、やる気は大いに評価した。

ある夏の日。別のインターンを60万平米の干し草畑に連れていき、ロールベールの積み上げ方を教えた。トラクターにはドアもエアコンもついている。「この程度の作業は問題ないだろう」と思ったし、実際彼女もすぐに覚えてくれたので、私は安心して立ち去った。数時間後、電話をかけてきた彼女は、ろくに事情も話せないほど泣きじゃくっている。しゃくりあげつつの説明を聞くと、なにやらトラクターのドアがもげてしまったと言う。えっ⁉　そこは見渡すかぎりの平原で、木一本、杭《くい》一本ない。しかもトラクターにはエアコンもついているというのに、なぜドアを開けたまま運転する必要があるのか？　その理由は永遠にわからない。でも、彼女はそうしてしまったのだ。そして、ロールベールのすぐ脇を通って、ドアがもげてしまったというわけ。笑ってすますにはなかなかきついエピソードだった。

さらに、インターンシーズンがはじまって1週間ほどたったある日のこと。ポールと私が仕事をしているところにインターンが飛び込んできて言う。「軽トラがひっくり返りました！」。「ケガはないか？」と私。「ひとりは血が出ているけど、ふたりとも意識はあります」。救急病院に運び込んだところ、幸いどちらのケガも深刻ではなかった。本当にラッキーだった。ふたりともシートベルトをしていなかったに違いない。軽トラは全損。得た教訓は、「都会からインターンを受け入れるときは、時間を割いてでも砂利道の運転の仕方を教えるべし」。シェリーの言うとおり、「あの子たちには何から何まで説明しないとダメなのよ！」。

　ときには、しっかり説明しても徒労に終わることもある。ある夏、24万平米の飼料用トウモロコシのなかほどに、４０００平米のスイートコーンを植えたときのこと。インターンにはちゃんとスイートコーンの区画の場所を教えた。境界には鮮やかなオレンジ色の旗で目印もつけてある。私は彼女と、手でその区画の雑草とりをはじめた（人間と家畜の口に入る区画には絶対に除草剤は使わない）。しばらくして、その日の作業は終わり。次の日、残りの作業は彼女ひとりで終えてもらうことにしたら、夕食どきになっても帰ってこない。「なんでこんなに時間がかかっているんだ……」。そのころ、彼女はフェイスブックに写真をアップして、「トウモロコシ畑の草とり、めちゃめちゃがんばってるけど、まだまだ時間かかりそう！」と書き込んでいた。見ると、飼料用トウモロコシの真ん中に突っ立っている。スイートコーンの区画の草とりだということをすっかり忘れてしまったのだ。やれやれ、まさかそう来るとは。

　最後にもう一本。私はインターンと一緒に播種機にカバークロップの種を詰め、ある区画の種まきをまかせた。「終わったら電話をくれ。次の区画で待ち合わせよう」。数時間後、電話をしてきた彼。「終わったので、これから次の区画に向かいます」。私は軽トラの後ろに追加用の種を載せ、現場に向かった。到着すると、彼はどこにもいない。待てど暮らせど現れない。さきほどの区画からたった３キロの場所なのに。さらに待つことしばし、彼はようやくやってきた——なんとギアを作業モードに入れたまま。どうやらギアの上げ方がわからなかったようだ。
　やっと到着した播種機に私は飛び乗り、種を追加しようとした。すると、驚いたことになかは空っぽ。「空っぽじゃないか」と私は強い調子で言った。「いや、大丈夫ですよ」と彼。「出発したときにはちゃんと入っていましたから」。やれやれ、そういうことか。案の定、芽吹きの季節になると、彼が道すがら6万平米に種をまき散らした結果がくっきりと表れた。これも教訓、と思うよりほかない。もしかしたらインターンたちは、私に忍耐を教えようとする神の使いなのかもしれない。

# 第6章 ブランドをつくり出す

長年やってきてつくづくわかったのは――おそらくどの農家も同意してくれると思う――生産者としてふつうに農産物を売っていると、補助金なしにはろくに収益など生み出せないということ。アメリカでは通常、消費者が支払ってくれる1ドルのうち、生産者のところに入ってくるのはわずか14セント。でも、残りの86セントがそこにあるというのに、どうして14セントで満足できるはずがあるだろう？　そう、私は資本主義者なのだ！　そこにポールが戻ってきて、私たちは悟った。めざすレベルに達するには、一般的な農家がみすみす取り逃がしている86セントをつかめるビジネスモデルをつくり出すよりほかない。つまりは直接販売だ。

肉の直接販売をはじめようとする生産者にとって、最大のハードルとなるのは解体だ。私たちの場合もそうだった。２０１２年、ほかの生産者や出資者と協力して、食肉販売が可能な新しい解体処理施設を設立することにした。出資や補助金やローンで１００万ドル以上をかき集め、もともとあった古い施設を取り壊し、新しい施設を建てた。

そして２０１３年、私たちは弁護士のアドバイスで、ブラウンズ・マーケティングという別会社を新たに立ち上げた。会社の目的は、うちの農場のあらゆる商品の販売。あらかじめ定めた価格でうちの農場から家畜や作物を仕入れて、それらを加工し、できあがった商品を販売する。別会社にすることで、農場本体が法的責任を負うリスクを回避することができる。たとえば、「加工段階でだれかひとりが食品衛生管理のルールに則らなかったために、客が病気になって提訴され、農場全体を失う」などという事態はなんとしても避けたいからだ。

会社はポールとの合同で設立し、出資率はポールが6割、シェリーと私が4割。ポールが代表となり、すべての決定権を持つ。ポールに事業の財務とマーケティングを覚えてもらうため、意図的にこの形態にした。あまりに多くの農場で、親が一切合切を決め、財務も取り持っているケースが目立つ。そんなことでは息子や娘が50歳になったとき、まるで経営がわからないという事態になりかねない。じつにみっともない。

新会社設立後は、マーケティングの強化と事業の拡大に取り組んだ。そして、みんなで話し合い、何か客の心に訴えかけるような、〝うちらしさ〟が伝わるようなブランド名が必要だということになった。さんざん考えたあげく、「Nourished by Nature（自然そだち）」に決めた。シンプルでいて、うちのすべてを言い当てている。商標登録もして、ラベルをつけて商品を販売できるようにした。

## 直接販売の準備

２０１４年春、いよいよファーマーズマーケットなどでの直接販売のスタートを目前に控え、移動販売用のトレーラーを購入した。なかは特注で、大型冷凍庫ふたつと冷蔵庫ひとつが入っている（カラー口絵28参照）。そして6月、漠とした期待を胸に、初のファーマーズマーケットに乗り込んだ。行ってみてびっくり！　売れ行きは想像以上だった。きっとうまく地域のニーズをつくことができたのだと思う。うれしい応援をたくさんもらい、やっぱり、求められているのは単なる農産物ではなく、「質」という付加価値なのだと実感をあらたにした。

２０１４年の夏、ポールは、冬に向けてプランを練りはじめた。寒いノースダコタではファーマーズマーケットや地域支援型農業での販売は年に5か月間だけで、長い〝オフシーズン〟があるのだ。幸い、マーケットのない期間にどう販売を続けていけるか、手がかりはつかめていた。その前年、ブレイン・ヒッツフィールドという農場主が独自の販売スタイルについて話すのを聞く機会があったのだ。これこそはうちの穴にぴったりはまるアイディアだと思い、さっそく彼に連絡をとり、力を貸してもらえないか相談してみた。この出会いがうちの農場の直接販売を成功に導くカギとなった。

ブレインはインディアナ州にある農場の７人兄弟のひとり。農場のストーリーはうちと似ている。父親のリーはもともと慣行農家で、２０００年代初頭に農法を変えた。いまでは中西部の５０００世帯を超える家庭に、放牧の肉類を予約配送で直接販売している。ブレインはオンラインショップのために開発したソフトを拡張し、ほかの人が月々の使用料を支払ってオンラインショップを開設できるようにしているという。これだ！　ポールはさっそくこのサービスを利用してオンラインショップをつくり、年間通して商品を買ってもらえる予約配送のシステムをつくった。こうして、２０１４年秋、自分たちのウェブサイト（https://www.nourishedbynature.us／英語）が立ち上がった。

システムはとても使いやすく、商品やカテゴリー、在庫管理、受け渡し場所、配送オプションなどが自由に操作できるようになっている。簡単に買い物できるサイトづくりはとても重要だ。なんといっても、いまはすべてオンラインの時代だから。はじめてアクセスする人には、まず個人情報を入力してアカウントをつくってもらう。そのうえで、受け渡しの場所と日時を選んでもらう。場所を選んだら、買いたい商品をカートに入れ、注文ボタンを押す。配送予定時刻の48時間前まで、いつでも注文できるようになっている。2日間あれば、こちらは余裕をもって商品を梱包し、配送に出発できる。注文が処理できた時点でクレジットカードの引き落としを行い、受け渡し場所と時刻の確認メールを送る。このシンプルなシステムのおかげで、毎回配送に出向く際、前もって収益の見込みが把握できる。配送場所に到着すると、お客さんがやってきて、注文の品を受け取り、栄養たっぷりの商品を手に帰路につく。その間、30分とかからない。

## 〝お客さまはいつも正しい〟

ウェブサイトや商品のラインナップは、お客さんからのフィードバックをもとにアップデートし続けている。これらのフィードバックは、お客さんとの関係性のおそらくはいちばん貴重な部分かもしれない。顧客が何を考えているか、何を欲しているかを知るには、直接やりとりするのがいちばんいいに決まっている。おもしろいことに、よく訊かれるタイプの質問がいくつかある。最初に訊かれる質問は、95パーセントの確率で「農場はどこですか?」。生産物がどこでつくられたものなのか、みんな知りたいのだ。私たちの答えは「ビスマークから東にまっすぐ11キロほどです」とか、「94号線沿いに笑顔マークの岩があるのはわかりますか？そうそう、あれがうちの農場なんですよ」。みんなが行ってみたくなるようなオープンな雰囲気の農場にすることはとても大切だ。

2番目によく訊かれる質問（確率80パーセント）は、「遺伝子組み換えの作物を育てたり、飼料として与えたりしていますか？」。こういった質問を、しかもノースダコタのような田舎で、こんなに頻繁に耳にするとは正直驚いてしまう。遺伝子組み換えの是非についてはいろいろ議論があるようだけれど、私たちとしては「お客さんが遺伝子組み換えがいやだと言っているのにわざわざ使う理由があるだろうか？」。

次によく訊かれる質問は（順不同）、「抗生物質は使いますか？」「ホルモン剤は使いますか？」「家畜はどんな環境で育てていますか？」。最後の質問にポールはこう答える――「自分が家畜なら、うちの農場に住みたいですよ」。私の答えはいつもこうだ――「うちの家畜はのびのび幸せな一生を過ごして、最後の一瞬だけ不幸なんです」。

このようにお客さんから質問してもらえることはとても貴重だと考えている。おかげでそれに合わせて販売戦略を立てられるし、こういうことを大切に考える人の心に訴えかけることもできる。おもしろいことに、オーガニックかどうかを訊かれることはほとんどない。気づく範囲では、うちはこれまで有機認証を受けていないことによる売り上げのロスはまったくない。うちの農場の〝なぜ〟（目的や農法）を時間をかけて説明することで、お客さんは満足してくれる。そして、有機認証をとった生産物と同じか、それ以上の金額を喜んで支払ってくれる。

評価されるブランドをつくり出すには、〝信頼〟を築き、〝透明性〟を保ち、〝まっとうな商品〟を提供する必要がある。すでに書いたとおり、自身の〝なぜ〟を意識し、事業の隅々にまでそれを描き出さなければならない。メッセージを明確に打ち出せば、すでに買い物をしてくれている顧客も、潜在的な顧客も、あなたの事業とそれが守ろうとしているものが何かを正確に理解してくれるはず。そうすることで高い水準のブランドが作り出され、最終的には信頼が築かれる。

〝信頼〟〝透明性〟〝まっとうな商品〟――この3つのキーワードは、互いにつながり合う。たとえば、うちの農場は商品ラベルにすべての材料をはっきり明記することで、顧客に対する〝透明性〟を確保する。調味料の材料にスパイスという言葉が出てくるなら、私たちはそれが何のスパイスなのか、必ず正確に明示する。顧客の志向に応え、「アミノ酸等の調味料や硝酸塩、マルトデキストリン、果糖ブドウ糖液糖、グルコースその他の添加物をふくむ製品は売らない」というスタンダードを掲げている。というか、もともと家畜を育てる時点でかなりのレベルを実現しているのに、わざわざよけいな添加物をいろいろ加えて、「顧客の求めるスタンダード」を崩したいはずがあるだろうか？　顧客はこれを見て、私たちがしっかりした意識を持ち、彼らのことをいちばんに考えていることに気づき、そのことによって〝信頼〟が築かれる。よく、生産者が〝放牧の肉〟を売りにしているのに、その加工品のなかにいちばん避けたいはずのジャンクな素材がいろいろ入っているというケースがあるけれど、あれにはいつも首をかしげてしまう。

顧客との信頼を築くもうひとつの方法は、扉をつねに開放すること（これも〝透明性〟の形だ）。うちの顧客はみな、いつでも好きなときに農場を見学できる。あらかじめ知らせてもらい、個別に案内したり、あるいは家畜がいる場所を教えて、自分で探しに行ってもらうこともある。実際に農場に来て、私たちの〝なぜ〟（目的と理由）を実際に見届けてくれた顧客の反応ほどうれしいものはない。しかも、たいていの人は帰りがけに商品を箱買いしてくれる！　信頼を築けば、顧客は1ドルまるまるを注ぎ込み続けてくれるのだ。これは一般的な流通市場やチェーンのスーパーでは決して持つことのできない関係性だろう。生産者と顧客の距離をつなぐことはなによりも重要だと私たちは考えている。

ただ、くれぐれも誤ったイメージを流布したくない。直接販売には大変な労力がかかる。結局のところ、「高品質の商品をすぐれたカスタマーサービスで届ける」に尽きるのだから。うちの農場は、近隣で直接販売をしている農家といくつか明確な差別化ができている。まず、家畜を最初から最後まで自分たちの手で育てている（ニワトリのヒヨコだけは例外）。そして、ニワトリとブタに与える穀類も自分たちで育て、言うまでもなく、牛や羊が食む放牧の草や飼料も全部育てている。つまり、家畜が食べているものを、誕生の初日からすべて把握している。土の健康度が増せば、作物の栄養も増す。作物や飼料は糖度を測定していて、これが栄養素密度のよい指標となる。糖度は、甘さのピークを迎えたブドウを収穫するための指標として長年ワイン業界で使われている。うちの作物や飼料の糖度は過去10年で著しく上昇していて、やはりうちが育てているのは単なる農産物ではなく、「栄養」という付加価値なのだということが、よりたしかになりつつある。

　まだ学ぶべきことは山ほどあるけれど、つねに新たな顧客を確保する方法は模索し続けている。ファーマーズマーケットは新しい顧客に出会う貴重な場のひとつ。２０１６年、最初の移動販売用トレーラーに加えて、なかに冷凍庫ふたつと冷蔵庫を入れられる大型バンを買った。ファーマーズマーケットへの出店で３００キロ以上走ることもあるので、この買い物は非常に大きかった。ファーマーズマーケットは、予約注文の受け渡し場所としても活用すると一石二鳥。エリアを広げたことで顧客も増え、これを書いている時点で州内１２００世帯以上の家族に商品を届けている。規模の拡大に合わせてウォークイン型の冷凍庫も買った。

これまでの成功はもちろん誇らしく思っている。でも、完全に満足するということは決してなく、つねに〝もっといい方法〟を模索し続けている。たとえば、事業はさらなる多角化をめざしたい。春から秋にかけては、農場はつねに花でいっぱいなので、これらの花粉と蜜を求めてハチたちが無数に集まる。それならハチミツがつくれるのでは？　ということでいろいろ調べ、手を組んでくれる養蜂《ようほう》業者を見つけ出した。養蜂業者がうちの敷地にハチの巣箱を置き、ハチたちは作物の受粉業務をこなしつつ、栄養豊かなハチミツをつくる。その巣箱から、養蜂業者は非加熱無濾過《ろか》のハチミツを絞り、容器に詰める。それを私たちが売る。養蜂業者の話では、うちの敷地に置いた巣箱は、ほかの場所の巣箱より19パーセントもハチミツが多くとれるという。これは生態系の多様性と健康の証しだと思う。養蜂業者には正当な対価を支払い、地元の産業を支える。そして、うちはお客さんにハチミツを販売して、少しばかりの利益を出す。関わる全員――ハチさえも――が得するシステムだ。

２００年計画の一環として、最近果樹を植えたことはすでに書いた。１５００本以上のりんご、梨、桃、プラム、あんず、ジューンベリー、さくらんぼ、サスカトゥーンベリー、スグリ、チョークベリー、ブラックベリー、ブルーベリー、マルベリー（カラー口絵34参照）。ノースダコタには果樹は多くない。でも、いつも人に言うのだけれど、「みんなは私が違うことをするのを笑う。でも私は、みんなが同じことをするのを笑う」。これらの果樹はさまざまな付加価値を与えてくれる。まずはもちろん、地元産の果物がほとんどないなかで、果物そのものとして売れる。あとは、りんごジュース、シードル、ジャム、パイ、ワインにして売ることもできる。栗、ヘーゼルナッツ、くるみの木も植えていて、これらは実がたくさんなるまでに30年近くかかるけれど、未来の世代にひとつまた、可能性に満ちた収益事業の芽を残せることになる。

そのほかの事業展開も考えている。アヒル、七面鳥、ウサギ、乳製品……リストはさらに続く。限界をつくるのは自分の想像力だけ。あまりに多くの生産者が、新しい収益の可能性を見落としている。

さて、「残りの86セントをつかみとる」という目標を私は達成しただろうか？　いや、まだ道は途上だ。ただ、たしかなのは、「収益性なしには、農場はリジェネラティブどころか、サステイナブル（持続可能）にさえならない」ということ。われわれはいま、農業に収益性を取り戻すべきなのだ。

*Dirt to Soil:*
*One Family's Journey into*
*Regenerative Agriculture*

# 第2部

# 理想の「土」を育てる

# 第7章
# 土の健康の5原則

本書の冒頭で紹介した土の健康の5原則は、第1部に記したわが農場のストーリーの隅々にまで織り込まれている〔序文のとおり、現在は第6の原則が追加されている〕。これらの原則はリジェネラティブ農業の核心となる部分なので、ここでもう一度、よりくわしく説明しておきたい。なぜこれらの原則が重要なのか？　無視すると何が起きるのか？　そして、畑や牧場や菜園や庭でどう生かせるのか？

これら5つの原則は、数十億年という時を経て、自然がつくり出してきた。太陽が照り、植物が育つかぎり、地球上どんな場所でも変わらない。世界各地の畑や牧場が、この原則を生かして、養分たっぷりのふかふかの土をつくり出している。これらを「土の健康の5原則」という言葉で最初に——私の知るかぎり——紹介したのは、『土を持つ者の手引き（*A Soil Owner's Manual*）』の著者であるジョン・スティカと、地区の土壌保全担当官ジェイ・フューラー、自然資源保全局のレイ・アーチュレッタの3人だ。

畑や牧場を営むすべての者は、この5原則を理解する必要がある。なぜなら、これらを無視することは、土をふくむすべての資源の全面的劣化の道をひた走ることにつながるから。健康な土がなかったら、健康な作物も、健康な家畜も、健康な人間もいなくなる。私たちは農地の生態系の健全な機能をなによりも大切にすべきなのだ。自然も人間と同じで、「一時的なストレス」はやりすごせる。でも——人間とまったく同じく——長期のストレスや激しいストレスに晒《さら》されてはきちんと機能することはできない。

## 第1の原則　土をかき乱さない

まず最初の原則は、土を機械的、化学的、物理的になるべくかき乱さないこと。自然界のいったいどこに機械で耕している場所があるだろう？　もちろん、どこにもない。

人類は何千年も土を耕してきた。そして、科学技術の進歩で、より広い土地をより早く、よりしっかりと、より深く耕せるようになったことで、土地が受けるダメージは深刻さを増している。大規模に耕すことで、特定の農作業はラクになるかもしれない。が、土壌の構造や機能は破壊されてしまう。地質学者のデイビッド・モントゴメリーは、著書『土の文明史』のなかで、歴史上の文明の崩壊がつねに土地資源の劣化と結びついていることを指摘している。その劣化を引き起こした最大の因子は、言うまでもなく、耕起だ。

　生産者の多くは、耕すことで土がよくなると信じている。これほど事実からかけ離れた考えはないだろう。耕せば、土の団粒構造はたちまち破壊され、水分浸透速度は大幅に低下し、有機物の分解が早まるなど、さまざまな影響が生じる。このよけいな介入によって、酸素が地中につぎ込まれ、特定の日和見《ひよりみ》菌が刺激されてあっという間に増殖し、地中に溶け込んでいる炭素ベースの生物的な〝糊〟を摂取する。このきわめて複雑な天然の糊状物質は、大小さまざまな団粒をまとめる役割を果たしている。これらがなくなってしまうと、沈泥《シルト》や粘土の粒子が隙間を埋め、土の多孔性が低下する。そうなると土は嫌気《けんき》状態となって、地中の生物相が変容し、それが今度は病原菌の増加や、脱窒菌《だつちつきん》の増加による窒素の減少につながる。また、二酸化炭素も大気中に放出される。さらに、微生物が死ぬと、地中の水分のなかに硝酸態《しょうさんたい》窒素が放出され、それが雑草の成長をうながす。土を耕すと、菌根菌の複雑なネットワークも損なわれる。菌糸のネットワークが切断されるので、アミノ酸やその他の有機物・無機物が行き渡らなくなり、その影響が植物に、そして動物に、さらに人間にも及ぶ。第10章で説明するとおり、植物に栄養が回らなくなると、最終的には動物と人間にも栄養が回らなくなる。

これこそは、うちの土壌の有機物含有量が、数百年前の時点ではおそらく7パーセントあったはずであるにもかかわらず、シェリーと私が引き継いだ際には2パーセントまで下がっていたことのいちばんの理由にほかならない。有機物（炭素）の含有量は、植物を成長させる土の機能の9割を左右すると言われる。といえば、この影響がどれほど破壊的であるかわかるはずだ。

私はこれまでに世界の何百もの農地や牧場に足を運び、耕起による土地の劣化に心を痛め続けてきた。オーストラリア最高の土と称される農場に行ったときでさえ、期待外れだった。クリスティーン・ジョーンズ博士によれば、あのとき私たちの足の下にあったのはじつは下層土で、長年の耕起によって表土が1メートル以上も削れてしまったのだろうとのこと。イリノイやインディアナ、アイオワにも出かけ、世界最高水準の生産性を誇ると言われる農地をたくさん見たけれど、悲しいことに、そこにあったのはどれも〝かつての深く豊かな土壌〟の断片にすぎなかった。

化学的に土をかき乱すのもダメージは大きい。大量の化学肥料や除草剤を撒き続けることで、土壌の構造と生態系の働きが破壊されてしまう。イリノイ大学アーバナ・シャンペーン校のモロー農場では、１００年以上にわたってトウモロコシ、大豆、干し草を収穫し続け、結果を分析している。２００９年、農場を運営する研究者たちが発表した論文はこう指摘する。「論理的には、化学肥料で投与される窒素量が、作物の収穫によって土から除去される窒素量を上回れば、土壌の窒素量は増えるはずだ」。しかし、モロー農場では、トウモロコシの収穫によって除去された窒素量を60パーセントも上回る窒素を施肥したにもかかわらず、時とともに土壌の総窒素量が１０００平米あたり70〜１８０キロ以上も減少しているという。まったく説明のつかない、ありえない状況だ。

著者たちは述べている。「過去50年、窒素肥料をほぼ2倍投入しているにもかかわらず、トウモロコシの単一栽培の収量は、輪作の場合の収量より少ない。収量の差は、地中に存在すると見られる窒素量の差と合致しており、この地中の量こそが土壌の生産性の持続のカギをにぎると考えられる。結論は明白だ。現行のアプローチで作物の生産を増やそうとすれば、必然的に土壌の劣化を招いてしまうのだ」

最後の一文がズシリと重い——「現行のアプローチで作物の生産を増やそうとすれば、必然的に土壌の劣化を招いてしまうのだ」。これが事実なのだとすれば、どうして土壌を壊す化学肥料の使用をこのまま正当化できようか?

なぜこうした結果になるのか、ととまどう人もいるかもしれない。その答えは、第3章で解説した「植物と地中の微生物の関係」にある。植物に水溶性の化学肥料を与えれば、程度の差はあれ、その植物は怠けはじめる。もはやそれまでのように炭素を地中に放出して微生物を引き寄せる必要がなくなるからだ。その結果、有益な微生物や真菌の数が減少する。土壌生物が減少すると、土壌の団粒や隙間が減り、水分浸透速度も下がる。その過程で、窒素を固定するバクテリアの数も著しく減少する。これらすべてが土壌生態系の機能の劣化となって表れる。

除草剤の使用も打撃は大きい。パデュー大学名誉教授のドン・フーバー博士は、除草剤が環境に与える影響の世界的権威のひとりだ。博士は、除草剤の使用回数と使用量の多さに懸念を示し、生態系と人間の健康への影響を危惧《きぐ》している。ひとつ、愕然《がくぜん》とするような数字を紹介しよう。「２０１７年にアメリカ国内で使われたグリホサート系除草剤（ラウンドアップなど）の量は、アメリカ全土のすべての耕作地に標準散布量を散布できるほどの量に達した」（世界でも、すべての耕作地に標準散布量を散布できる量をわずかに下回るくらいの量が使われている）

グリホサート系除草剤は「キレート剤」として登録されている。つまり、金属イオンと結合するということ。ということは、おそらくは植物に有益な地中の栄養分もグリホサートは固定してしまうのではないか？　グリホサートは「殺生物剤」としても登録されている。となると、やはり土壌微生物たちも殺してしまうと考えるのが妥当ではないか？

私はグリホサートだけを糾弾《きゅうだん》するつもりはない。グリホサート以外のどんな除草剤も、殺菌剤も、農薬も、自然環境のどこかしらに悪影響を及ぼす。もしあなたが慣行農業の生産者なら、怒ってこの本を閉じる前に、少しのあいだじっと考えてみてほしい。農業のひとつひとつすべてのアクションに複合作用がある。特定の害虫を殺すために殺虫剤を散布すれば、殺虫剤はその虫だけを殺すのではない。ほかのまったく害のない生物や、有益な働きをしてくれるたくさんの虫や生物をも殺してしまう。そのことに気づかなければならない。自然は「一時的なストレス」ならやりすごせる。実際、「一時的なストレス」はプラスの作用をもたらすこともある。でも、「慢性的なストレス」――毎年耕す、毎年化学肥料や農薬、殺菌剤を散布するなど――をやりすごすことはできない。

## 第2の原則　土を覆う

2番目の原則は、土の表面に植物を残し、「覆い」を保つこと。自然の生態系のいったいどこにむき出しの土があるだろう？　こんなことを言うと、「いやいや、土がむき出しの場所はそこかしこにあるよ」という答えが返ってくるかもしれない。悲しいかな、たしかにそういう場所もあるけれど、でもそれは健康な土だろうか？　もし、むき出しの土がふつうの状態なら、なぜ、土を耕すと雑草がすぐに生えてくるのだろう？　これは自然が土を覆おうとしているからにほかならない。むき出しの土は生態系の機能不全のはっきりしたサインなので、土がどこまでもむき出しになっているという状況は好ましくないのだ。

よく乾燥地域の生産者と話をしていると、「ここはもともと土がむき出しだった」という話が出るけれど、昔の記録をひもとけば、いまは砂漠のようになっている場所でさえ、かつては深い草原だったことがわかる。最近オクラホマの農場主から聞いた話では、その土地はもともと1800年代に祖母の世代が幌《ほろ》馬《ば》車《しゃ》でやってきて住み着いた場所らしい。当時は生い茂る大草原で、馬に乗った人の姿が見えないほどだったとか。現在のオクラホマの姿と、なんという鮮やかな対比だろう。

私は雹に見舞われた数年間で、土を覆うことの価値を痛いほど学んだ。雹ですべての作物がなぎ倒されたとき、それらの倒れた植物がむき出しの土を守ってくれた。次の年、その残渣は雑草の成長を抑え、夏の暑さのなかでも土の温度を低く保ち、水の蒸発を減らし、貴重な土壌有機物となって、それを分解するミミズが魔法のように姿を現した。植物の覆いは、無数の微生物の棲み処にもなる。

雨粒も、むき出しの土の上ではなく、植物の覆いの上に落ちるとほとんど勢いが消え失せ、表土が流出から守られる。土を耕してしまっている農地は、どこも例外なく風で土が舞っている。こうした風による土壌流出（風食）は、いまや歴史的なレベルで蔓延している。この本の執筆中にオクラホマ中央部に足を運んだが、なんと幹線道路が土埃による視界不良で閉鎖されていた。そんなバカな！　考えてみてほしい。1トンの表土を1エーカーの土地に広げたら、この本の紙1枚の薄さにしかならないという。これを頭に描いて、そのうえで想像してみてほしい――あの日、オクラホマではいったい何トンの表土が風に吹き飛ばされたのだろう？

　機械的、化学的、物理的なかき乱しを減らし、地中の虫や微生物が増えてくると、新たな課題が持ち上がってくる。すなわち、「いかに新しい覆いを補充し続けるか」。土の健康状態がよくなると、ミミズや土壌生物が地表を覆う草をどんどん分解するようになる。うちの農場では、雹と干ばつにやられたあと、地中の生物が急速に増えた。いまや、生き物の働きがあまりに活発なため、2〜3センチの厚さの覆いがわずか6週間で消えてしまうほど。この問題には、作付けの種類を変えて窒素より炭素の比率を増やすことで対処している。くわしくは第3の原則で解説するが、具体的には窒素を固定するマメ科の作物を減らすということになる。

　覆いを厚くするもうひとつの方法は、炭素分に富むカバークロップを育て、受粉がはじまるくらいまでしっかり成長させてから、高密度放牧で牛たちに食ませるというもの。地上部の草を25パーセントくらいまで食べさせ、牛たちがなぎ倒した草が土を分厚く覆うようにする。絶対に避けなければならないのは、過放牧によって土がむき出しになること。もしむき出しの土が顔を出してしまったら、家畜の力を利用して、むき出しの場所を回復させる（この手法は62ページ「『高密度放牧』の威力」で説明した）。草がうまく生えない場所を覆うには、ロールベール放牧も有効だ。

覆いによって土の温度変化が和らぐことは、植物にとっても、地中の生物にとってもプラスになる。生産者の多くは土の温度に十分注意を向けていないけれど、温度は植物の健康に著しい影響を及ぼす。たとえば、次のとおり。

- ・土の温度が21℃↓植物は地中の水分を１００パーセント使える
- ・土の温度が38℃↓使える水分は15パーセントとなり、残りの85パーセントは蒸発や蒸散〔植物中の水が水蒸気となって、葉などから放出されること〕によって失われる
- ・土の温度が54℃↓水分は１００パーセント蒸発や蒸散で失われる
- ・土の温度が60℃↓地中のバクテリアが死ぬ

私たちは、生産者として植物を育てることで生計を立てている。ということは、植物にとってできるかぎりベストな生育環境を与えるのが得策だろう。土をしっかり覆うことは、私たちの最優先事項のひとつであるべきなのだ。

## 第3の原則　多様性を高める

3番目の原則は、あらゆる面で多様性を高めること。息子のポールは地元のコミュニティカレッジで5年間牧場管理を教えた。そして毎年、学生たちをうちの牧場に連れてきては、できるだけ多くの種類の草を集めさせた。なかには１４０種以上を集めた学生もいたほどだ。これほどのレベルの多様性が、自然の生態系には――もちろん、いまの時代に望める程度の自然ということになるけれど――存在している。１８００年代初頭、ルイス-クラーク探検隊（39ページ参照）がミズーリ川周辺を探索したときに目にしたのも、このレベルの多様性だったはずだ。多様な植物と、動物と、虫。かつてこの地球の大部分を覆っていた豊かで深い表土も、こうした多様性があってこそ、時を経て形成されていったのだ。

それに引き換え、今日の農業はどうだろう？　アメリカ中西部を車で何百キロ走っても、トウモロコシと大豆以外の作物は何ひとつ見えない。一方、南東部はどこもかしこも綿花ばかり。太平洋岸の北西部は小麦。こうした単一栽培は多様性の対極にある。

以前、カンザスの会議で講演をしたとき、若い生産者が話しかけてきて、「どうすれば父や祖父にもっと多様な作付けをしてもらえるでしょう？」と相談された。「いまの作付けは？」と私。「いや、１９２０年代からずっと小麦しか育てていません」と彼。えっ！　１００年近く、小麦だけ。「それでは収量もよくないのでは？」「よくありません。なので、家族みんな、ほかの仕事をかけ持ちしています」

あるときはカナダの若い生産者に「もっと多様な作付けをする重要性を父にどう説明したらいいでしょう？」と相談された。「いまの作付けは？」と私。彼の答えは、「ナタネ、雪、ナタネ。この繰り返しですね」。

少し極端に思えるかもしれないけれど、いろいろな生産者と話していると、こうしたケースは一般にイメージされるよりはるかに多い。農家は「4つの作物タイプ」にもっと注意を向けていく必要がある。耐寒性のある「寒地型のイネ科作物」「寒地型の広葉作物」、そして、暑さに強い「暖地型のイネ科作物」「暖地型の広葉作物」――くわしくは第8章で解説するけれど、これら4つの作物タイプは農地の生態系にそれぞれ違う種類の影響を与える。健康な牧草地を調べてみれば、この4つの作物タイプがつねに地域特性に応じた比率で生えている。つまり、作付けもこれら4つの作物タイプをそろえるべきなのだ。生産者の圧倒的多数が「その年に何を植えればどのくらい収益が見込めるか」にしか目を向けない。多様性によって築かれる「生態系の資本価値」を見ていないのだ。自然の状態で100種の植物が生える牧草地があるとして、そこにたった1～2種類の植物しか植えなかったら、どうしてその生態系が健全に機能することを期待できよう？

土壌を改善したければ、作物の種類を増やすか、カバークロップを足して多様性を高める必要がある。友人のデイビッド・ブラントは、「トウモロコシと大豆の輪作に冬小麦を加えたら、土が劇的によくなった」とみんなにふれ回っている。でも、小麦を増やしたことだけが理由ではない。デイビッドは小麦を刈り取ったあと、刈り跡の上にそのままカバークロップをいろいろ播いた。このカバークロップこそが変化を生み出したのだ。それまでたった2種類（トウモロコシと大豆）の根滲出物しかもらえなかった土壌生物たちが、じつに10種類以上の作物の栄養を堪能したというわけだ。これら生きた植物のおかげでどれほど炭素の循環が増えたことか。

デイビッドの事例は、第2章で紹介した郡の土壌保全委員会の実験結果にも重なる。あの実験では、カバークロップを6種ブレンドすることによって、収量が1種のみの場合の2～3倍にまで及んだ。

ミネソタ大学の環境学者デイビッド・ティルマン博士の研究によると、植物の多様性は7～8種類に達すると相乗効果が生まれるという。多様性によって、植物の健康状態も、機能も、収量も向上するのだ。多様な植物がより多様な根滲出物を地中の微生物に供給することも大きい。こうした事実を踏まえると、なぜ今日の農業がいまだに単一栽培を推進しているのか、ますます訳がわからなくなる。ティルマン博士の研究によれば、イネ科、マメ科、広葉作物など、異なる機能群の植物を増やすことによっても、植物の健康状態や機能、さらに収量が向上するという。

リジェネラティブな農法へのシフトを進めようとすると、たぶん最初は作付けの品目にマメ科を増やす必要が出てくると思う。これは炭素と窒素の比率、つまり炭素率（C《シー》／N《エヌ》比《ひ》）のためだ。土壌の有機物部分の炭素率はおよそ12（つまり炭素12に対して窒素1）。地表の植物残渣の炭素率は、植物の種類によって割合が変わる。たとえば、ライ麦や小麦は約80、トウモロコシは57、アルファルファは25、ヘアリーベッチは11。

地表の残渣は、土壌生物によって最終的に炭素率12くらいまで分解される。いちばん分解しやすい理想的な炭素率は24。これが微生物にとって最適な割合だ。炭素率が高すぎると、地中の微生物は窒素が不足し、土のなかの別の場所から窒素を見つけてこなければならなくなる。作物やカバークロップの作付けを考えるうえで、炭素率はぜひ念頭に置いておきたいポイントだ。

よく、不耕起に切り替えたばかりの生産者が「地表の作物残渣がなかなか分解されない」と言うことがあるけれど、これは養分の循環がうまく機能していないためだ。だいたいにおいて、炭素率が高いほど残渣の分解に時間がかかり、炭素率が低ければ早く分解する。また、炭素率によって、窒素がどのくらい使われ、次に植える作物にどのくらい残されるか、といったことも決まってくる。小麦など炭素率の高い作物は、炭素率の低いエンドウマメなどに比べ、ずっと分解に時間がかかる。これを解決するには、地中で適切な養分循環が起こるような炭素率の作物やカバークロップを育てればよい。

たとえば、不耕起を5年もやった友人が、「作物残渣があまりに厚く積み重なって、種を播くのも難しい」と電話してきたことがある。この目でたしかめたくて彼の農場に足を運んでみると、過去5年間そこに何が植えられていたかが、残渣からくっきりと読みとれた。ヒマワリ、春小麦、トウモロコシ、大麦、冬小麦――どれも炭素率の高い作物ばかり。問題の元凶は「残渣」ではない、「炭素率」だったのだ。解決策はシンプルで、窒素分の多いマメ科を足すこと。彼は作付けにエンドウマメを加え、早刈りの作物のあとにもマメ科や大根を植えることにした。マメ科は炭素率のバランスを整え、大根の根は窒素を貯留し、翌春に放出する。窒素が増えたおかげで、作物残渣の分解速度は見事に早まった――ということで、一件落着。

多様性は牧草地にとっても重要だ。よく思い返すのは、いちばん最初のころの実験のこと。私は耕作地を牧草地に変えようとして、多年草を播いた。選んだのはイネ科ばかり3種――これぞ「多様性の欠如」の見本のようなもの。マメ科ゼロ。広葉作物ゼロ。生育が悪いのも当然の状態だったのだ。

## 第4の原則　土のなかに「生きた根」を保つ

4番目の原則は、年間を通し、土のなかにできるだけ長く「生きた根」を保つこと。収穫を終えたあと、次の年まで何も植えずに土地を放置してしまう農家を目にするたびにがっかりしてしまう。２０１７年10月、モンタナ州まで１０００キロのドライブをする機会があった。うちを出たあと、私はいったいいくつ緑の植物が育っている畑を目にしただろう?――なんと、たったひとつ！　これだけの距離を移動して、秋の収穫後に次の植物をちゃんと植えている農家が1軒きりとは……。ほかはだれひとりとして、炭素を地中に送り込む重要性について学んでいなかったというわけだ。たとえばの話、農家が家畜に何か月もエサをやらずにおく、なんてことはあるはずがない。それなのになぜ、〝地中の家畜〟に冬のあいだちゃんとエサをやることを考えないのか?　よく「これまでのさまざまな取り組みのなかでいちばん土に大きな効果があったのは何ですか?」と質問されるけれど、答えはシンプル。「植物を植える」だ。

まかり間違っても、降り注ぐ太陽エネルギーを生物エネルギーに変換するチャンスを逃すべきではない。作物をひとつ収穫するやいなや、私はただちに次の作物やカバークロップを播く。なぜこれが養分循環につながるのか？　土に炭素を送り込まなければ、土壌生物にエサが回らない。土壌生物にエサが回らなければ、養分が循環しない。この単純な原理を理解すれば、なぜ多くの生産者がこんなにたっぷり化学肥料をやらなければ作物を育てられないのか、その理由がおのずと見えてくるだろう。土の自然な生産力が栄養不足で枯渇《こかつ》しているのだ。

土のなかに「生きた根」を確保すべきもうひとつの大きな目的は、菌根菌を増やすこと。菌根菌がもたらす無数のメリットは、すでに説明したとおりだ。これを生かさない手はない。

寒い地方では、秋以降にカバークロップを植えても、霜が降りたり水分が足りなかったりで十分な生育は望めない。うちの農場も、毎年秋にカバークロップを播き、せいぜい7センチくらい育ったところで霜にやられてしまう、ということを繰り返している。言っておくけれど、これは失敗ではない。地上部分の生育はそれほどでなくても、小さな植物たちはちゃんと地下にたっぷり根を生やしている。それこそが大切な部分なのだ。

水不足が問題になる地域では、植物を植える重要性はよりいっそう大きい。というのも、土の保水力を高める唯一の方法は、有機物を増やすことだから。そして、有機物の増加の約3分の2は、植物の根によってもたらされる。だから、年間を通じて、できるかぎり長いあいだ、できるかぎりたくさんの根を確保することはものすごく重要だと言える。園芸家のロバート・クーリックは、著書『徹底解説――根（*Roots Demystified*）』のなかで、たった１株のライ麦の根がじつに６００キロに及んだことを記している。根毛の長さもすべて足し上げれば、合計１万キロに達したらしい。これだけあれば、有機物は増えるに決まっている。これを全部掘り出して長さを測った人間の身にもなってほしいくらいだ。

「生きた根」は、牧草地や自生の放牧地でも大きな役割を果たす。よく、見渡すかぎり寒さに強い寒地型の草ばかり、あるいは暑さに強い暖地型の草ばかりが生えている風景を各地で目にするけれど、こうした種の偏りは、年間できるだけ長く土に「生きた根」を維持するという観点からすれば最適ではない。自生のままの放牧地には、ほとんどの場合、寒地型の草と暖地型の草、さらにイネ科と広葉作物がそろって生えているけれど、これには理由があるというわけだ。生態系はそれらがそろうことで、はじめて健全に機能する。

## 第５の原則　動物を組み込む

５番目の原則は、農地に動物を入れること。昨今の農業モデルの悲劇的欠陥のひとつは、動物が農地から姿を消したことだ。１００年前、祖父母世代の農場がどんなふうであったか思い起こしてほしい。どこの農場にも肉牛や乳牛がいて、ブタやニワトリがいた。馬も荷物を運ぶために欠かせなかった。いまでは、ニワトリやブタは小屋に閉じ込められ、肉牛は肥育場へ、乳牛も大規模な牛舎に押し込まれている。車で数百キロ走れど、動物はおろか、フェンスひとつ目にしない地域が世界にはたくさんある。

　これによって何が変わったか？　それに答えるには、土の成り立ちを理解する必要がある。数百年前、バイソンやアカシカなど、何千万頭もの反芻《はんすう》動物が北アメリカ大陸を徘徊《はいかい》していた。彼らはあちらこちらで植物を食み、植物は根滲出物を出して、必要な養分を供給してくれる土壌生物を引き寄せた。肉食動物がいるため、これら反芻動物はつねに移動し続け、同じ場所には長い期間戻らないこともしばしばだった。おかげで植物は十分に再生できる時間があり、その間ずっと、大量の炭素を地中に送り込み続けた（すでに解説したとおり、動物が食むことで光合成は活発になり、食まない場合よりもさらに多くの炭素が地中に送り込まれる）。これに加えて、無数の虫や鳥、その他の生物が同じ環境下に共生することによって、きわめて健全な生態系が形成されたのだ。

　そしていま、草食動物は世界の草地からほぼ完全に姿を消し、炭素の循環量は激減してしまった。なかには「牛が気候変動のもとになる」と非難する人もいるけれど、それはあまりにも単純な見方だろう。生態系の全体的な仕組みをまるで見ていない。大気中の炭素を大量に地中に固定しようと思ったら、草食動物のいる風景を呼び戻すのがいちばんだと言うのに。問題は「牛」ではない。その「飼い方」が問題なのだ。家畜のいる風景がいかに大切か、私はベジタリアンやビーガンの人たちとも堂々と議論できる。私の主張は、「もし本当に地球環境のことを心配するなら、たとえあなた自身が肉を食べないとしても、反芻動物が草を食むことの重要性に目を向けるべきだ」。この点については、牧場主で著述家のニコレット・ハーン・ナイマンの本『牛肉は悪くない（*Defending Beef*）』が見事にまとめてくれている。

　何種類もの家畜を組み込むことで、うちの農場の炭素量は大幅に増えた。それによって、土がより健康になったばかりでない。収益性も著しく向上した。毎年、何百軒もの農家に講演するなかで、収益が出ないという嘆きばかりが聞こえてくる。どんな農法なのか尋ねると、ほとんどの場合は家畜ゼロ。ここはぜひとも、すべての生産者に、家畜がもたらしてくれる数多《あまた》のメリットを生かしてもらいたいところだ。

# 第8章 カバークロップの偉大な力

カバークロップづくりは、生きた土を育てるうえで欠かせないステップとなる。この章では、うちの農地でどのようにカバークロップを使っているかを説明し、うちの経験や、ほかのリジェネラティブ農家から学んだ数々のことについて、みなさんと分かち合いたい。

じつは最初にカバークロップを植えはじめたのは、もう20年以上前になる。でも、当時はカバークロップだと意識していたわけではなく、単に家畜の飼料として播いていただけだった。いまでも、じつは「カバークロップ」という言葉を使うのは好きではない。単なる「地面のカバー」をはるかに超える働きをしてくれるので、できれば〝命の点火薬〟とでも呼びたいとこ

ろだ。ただ、この本のなかではややこしくならないよう、単に「カバークロップ」と呼ぶことにする。

家畜と畑を両方やっている人にとっては、カバークロップは考えるまでもない必須項目だ。家畜が草をどんどんお金に換えてくれるわけだから。でも、家畜をやっていない人も、やはりカバークロップを植えるべきだ。植えることで、土の炭素量が増えて土壌生物が活発になり、土は流出から守られ、もちろん収益性もアップする。

## カバークロップによる炭素循環

カバークロップを植えるとどうなるかというと、畑の炭素量が増える。炭素がいかに重要か、そして、植物の光合成によって液体炭素がどう循環するかは、第３章で解説したとおりだ。葉の面積が大きければ大きいほど、それだけ多くの日光が〝キャッチ〟され、光合成が増える。土壌生態学者のクリスティーン・ジョーンズ博士はこれを「光合成能力」と呼ぶ。この光合成能力のためにも、カバークロップは１～２種類ではなく、何種類もまとめて播く方がいい。何種類も混植することで葉のサイズや形が多様になり、草丈にも幅が出るので、日光に触れる葉の面積が増える。それによって、より多くの炭素が地中に送り込まれることになる。

また、植物が太陽エネルギーを糖類に変換する速度を「光合成速度」と言う。この速度は、湿度、気温、光の強さ、地中の微生物による炭素の需要、菌根菌の有無など、さまざまな要素によって左右される。

植物の光合成能力と光合成速度が上がれば、土壌の生態系はより健康になり、新しい表土の形成も早まる。なかには、光合成でとらえた炭素の最大70パーセントを根滲出物として地中に送り込む植物もあるという。根滲出物は、地中の炭素の供給源となるだけでなく、窒素固定菌の活性化もうながす。炭素レベルが上がると土壌の構造がよくなり、窒素が固定される条件が強化されるのだ。これらの養分があるかないかで、作物の収益性が大きく変わってくるのは言うまでもない。

私はよく農業地帯を運転しながら、この循環に思いを馳せる。目の前には、収穫が終わって空っぽになった畑がどこまでも延々と続いている。やっかいなことに、多くの農家は収穫後に除草剤を散布するので、せっかく芽吹いてくれるはずの芽もついぞ育つことはない。かくして、ほとんどの慣行農家の農地は、1年のうち6~9か月にわたってむき出しのまま放置されてしまう。そして、緑の植物が存在しなければ、光合成も起こらず、日光のエネルギーが地中に貯留されることもない。二酸化炭素の回収も、炭素の地中への固定も行われない。昨今の農業の慣習は、やることなすことすべてが自然に逆らう形となっているのだ。

残念なことに、多くの農地では、それまでの農法の影響で土壌生物が大幅に減少してしまっている。耕起、化学肥料、栽培品目の少なさ、さらに毎年数か月にわたって何も育てていないなど、すべてが合わさって、地中の生態系の機能不全を招いている。牧草地も、過放牧や放牧不足、多様性の欠如などによって同じような状況がつくり出される。健全な土壌生態系を支えられる数の土壌生物を確保するには、多様な植物をそろえるしかない。この点からも、やはりカバークロップの混植は望ましいのだ。

もし、すべての農家が穀物の収穫後に必ずカバークロップを植えるようになったら、どれだけ世界は変わることだろう。このシンプルですぐにできる行為ひとつで、世界中の農地全体の光合成能力が向上し、それは地球環境の回復に向けた大きな一歩となるはずだ。

## 目的は何か？

よく「どうやってカバークロップの種類を決めているのか？」と質問されるけれど、それにはまず、「目的は何か？」を自問する必要がある。「このカバークロップを植えることによって、自分は何を達成しようとしているのか？」。土地の有機物含有量を引き上げたいのか？　水分浸透速度を上げたいのか？　多様性を増したいのか？　養分循環を向上させたいのか（つまり化学肥料の使用を減らしたいのか）？　雑草を抑えたいのか？　害虫を抑えたいのか？　塩分濃度の問題に対処したいのか？　はたまた野生動物の棲み処をつくりたいのか？　花粉を運ぶ虫を引き寄せたいのか？　家畜の飼料にしたいのか？　リストはまだまだ続く。何がすばらしいって、カバークロップは正しく使えば、これらすべての目的に応えられるのだ。

よく「カバークロップを試してみたけれど、うまくいかなかった」と言う人がいる。私が返す言葉は、「そもそも何の目的で植えたのか？」。たいていの生産者はポカンと口を開ける。つまり、何を達成したいのかを考えることもせずにカバークロップを植えているのだ。何の合理的な根拠もないままに、植えるカバークロップの種類を決めてしまっている。よくあるのは、「たまたま手に入りやすかった種類を植えた」というパターン。これではいい結果が出るはずがない。

それぞれの地域で育ちやすいカバークロップの種類を知り、目的に合うものを選んでいくには、しっかりした下調べが重要だ。ネットには豊富な情報がそろっている（たとえば、『収益を上げるカバークロップ活用法（*Managing Cover Crops Profitably*）』という本は、「Sustainable Agriculture Research and Education」のサイト上（https://www.sare.org）から無料ダウンロードすることが可能〔いずれも英語〕。代表的なカバークロップの種類、育てられる場所、生育の特徴やメリットなどが解説されている）。

近隣でカバークロップを使っている人に連絡をとり、話を聞いてみるのもおすすめだ。そのほか、地元の種苗《しゅびょう》業者に相談したり、農業関係のイベントに参加したり。そして、ぜひ毎年実験してほしい。うちも毎年いくつもの品種や組み合わせを試している。うまくいけば、次の年は増やす。2年連続で失敗したら、もうやらない。育てるカバークロップの「季節」を知ることも重要だ。たとえば、ノースダコタでは7月に大麦を植えてはいけない。4月に雑穀を植えるべきでもない。寒い地方の農家が3月や4月にトウモロコシを植えているのを見るたびにこのことを思う。私の記憶では、トウモロコシはたしか暖かい地方の作物だった気がするのだけれど。

たとえば、有機物含有量を引き上げたいとしよう。有機物含有量は、それ単体で土壌の状態を決定づけるわけではないけれど、健康な土の基本となる要素。まず、気象条件や土地の管理方法によって有機物含有量が変わることを理解する必要がある。有機物とは、最近まで生きていた生物の体。つまり、朽ちるもの、または朽ちてできあがったもの、はたまた有機化合物から成るもの。生体を介しての炭素エネルギーの流れとも言え、そこからつくり出される有機・無機複合体が砂や沈泥《シルト》、粘土の粒子を覆い包む。

私の知るかぎり、うちをふくめ、土がまったくやせていない農地は存在しない。土地の記録を見ると、１００年以上前のおおまかな有機物含有量を調べることができる。もし有機物含有量がうちの地域と同じくらい落ち込んでいるとしたら（７パーセント→２パーセント）、その土地では十分な養分循環や水分循環は期待できないはずだ。有機物含有量が少ない農地は、化学肥料を投入して、もともとは自然がただでやってくれていた仕事を肩代わりしてもらうよりほかない。有機物含有量が上がってきて、土壌生物の棲み処をつくり出すことができれば、養分量は劇的に増える。少し計算してみると、有機物含有量が１パーセント上がるだけで、１０００平米あたりおよそ１８０ドル分もの窒素やリンやカリウムや硫黄《いおう》を手にできる形になる。そのためにはまず、これらの養分をつくり出してくれる生態系を確保することが先決だ。管理の仕方ひとつでそれは実現できる。そして、いざ必要なレベルの有機物含有量が確保できれば、化学肥料の投入は大幅にカットできるようになり、収益性も上がる。

有機物含有量の増加分の約3分の2は、地中にはりめぐらされる根によってもたらされる。つまり、地中にできるだけ多くの根を——地表からはるか遠い下層土に至るまで——確保することが重要となる。これらの根が微生物たちに液体炭素を送り込む。とくにスーダン型ソルガム、ライ麦、ネズミムギ、ファセリア、レッドクローバーなどのカバークロップは、根の量が多いので最適だ。

私がよく使うブレンドは、スーダン型ソルガム、トウジンビエ、ササゲ、緑豆、一年草のスイートクローバー、ヒマワリ、ケール、大根、ソバ、ベニバナの暖地型セット。この組み合わせは、根の種類も、根を張る深さもバラバラなので、幅広く地中に広がり、有機物を増やしてくれる。葉の形もさまざまなので、日光を最大限に集めることができ、花をつける品種もいろいろあるため、益虫も引き寄せられる。ただし、うちの農場でうまくいったからといって、みなさんのところでもうまくいくとは限らない。そればかりは試してみなくてはわからない。

## ブレンドの比率を決める

さて、いちばんよく受ける質問のひとつが「カバークロップのブレンドの比率をどうやって決めるのか？」だ。前述のブレンドを例にとって解説してみよう。私の目的は「有機物含有量を上げること」。だから、いちばん割合を多くしたいのはスーダン型ソルガムとトウジンビエだ。この2種は根の量がもっとも多い。これにマメ科も加えて窒素を固定したい。また、夏のブレンドにはササゲ、緑豆、一年草のスイートクローバーを入れると、うちの農場では具合がいい。ヒマワリの根はまっすぐ下に伸びる直根で、地中深くから養分を吸い上げる。ソバは根滲出物を分泌して微生物を引き寄せ、それによってリンがつくられるほか、花粉を運ぶ虫が花

**表２　10種ブレンドのカバークロップの比率**

| 品種 | 1000平米あたりの種の重さ（キロ） | 1キロあたりの種の数 | 1000平米あたりの種の数 |
|---|---|---|---|
| スーダン型ソルガム | 1.4 | 39,600 | 55,400 |
| トウジンビエ | 0.2 | 176,000 | 35,200 |
| ササゲ | 1.1 | 9,000 | 9,900 |
| 緑豆 | 0.6 | 26,400 | 15,800 |
| 一年草のスイートクローバー | 0.1 | 154,000 | 15,400 |
| ヒマワリ | 0.1 | 17,600 | 1,800 |
| ソバ | 0.2 | 39,600 | 7,900 |
| ベニバナ | 0.1 | 33,000 | 3,300 |
| ケール | 0.1 | 385,000 | 38,500 |
| 大根 | 0.1 | 55,000 | 5,500 |
| **合計** | **4.0** | **935,200** | **188,700** |

に集まる。ベニバナを入れるのは、うちの地域では雪が重要な水分源なので、「上に立ち上がって雪をとらえてくれる」草が必要だから。牛も羊もベニバナは好まないので、その点からも雪受けの草としては好都合だ。ケールは、質のよい飼料がどんどん育つから。大根は、深い直根が窒素の貯留庫の役割を果たし、そのなかに吸い込まれた窒素は、翌春、塊根が朽ちると放出される。参考までに、表２にブレンドの比率を示す。ただ、くれぐれもみなさんのところでうまくいくとは限らない点はわかっておいてほしい。

「面積あたり、どのくらいの数の種を播けばよいのだろう?」と思っている人もいるかもしれない。これについては、はっきりした答えを提示できたらよいのだけれど、実際はブレンドに入れる品種の特徴次第となる。麦や稲、スーダン型ソルガムのように上に向かって伸びるのか？　あるいはアブラナ属やヴェッチやクローバーのようにジワジワ広い面積を覆うのか？　ここでは経験に勝るものはない。いちばんいいのは、カバークロップを長年育てている生産者や、カバークロップ専門の種苗業者に訊いてみることだろう。

## 水問題への対処

水や干ばつの問題に対処したい場合は、土壌の構造を改善することで、水分浸透速度と保水性の双方が向上する。土は土壌粒子ひとつひとつの周囲の薄い膜によって水分を保持している。団粒構造によって粒子が増えれば、保水力も高まる。アメリカ北中西部最大の問題のひとつである布《ふ》状《じょう》侵食や布状洪水〔大雨により、いくつもの細流が地面を覆って広がる洪水。それによって布状侵食が起こる〕も、要は土への水分浸透が悪いことに尽きる。1991年にうちの農場を買ったとき、農地の水分浸透速度は1時間あたりわずか12ミリだった。大きな嵐が来て50〜75ミリの土砂降りになると、水のほとんどは大急ぎで農地の外に流れ出し、表土はごっそり持っていかれた。その後、団粒化が進んだおかげで、2009年までに水分浸透速度は1時間あたり250ミリ以上に上昇。大量の水を吸収できるようになった。その真価が発揮されたのが２００９年６月15日。夕方５時半に降りはじめた雨がいつまでもいつまでも降り続ける。翌朝、嵐が過ぎ去るまでに降った雨量は、22時間で３５０ミリ。でも、そのほとんどが土に吸い込まれた。その日、地区の土壌保全担当官ジェイ・フューラーが様子を見に来て、「車で農場を一周しても、轍《わだち》ひとつできないな」と言ったほどだ。

２０１５年、研究者に水分浸透速度を調べてもらったところ、25ミリの水が９秒で吸い込まれた。さらに16秒で、もう25ミリ。１時間に12ミリだったころを思うと、劇的な改善だ。重要なのは「雨がどのくらい降るか」ではない。「降った雨がどのくらい土に浸み込むか」なのだ。

あまりに多くの生産者が、耕起や暗渠《あんきょ》排水で水はけを改善しようとしていることには、とまどうばかりだ。そんなことをしても対症療法にしかならず、問題解決にはならない。友人のデイビッド・ブラントの土地を見れば、耕起や暗渠排水などに頼らなくとも、水はけの問題が解決できることは証明されている。彼がいるオハイオ州キャロルは年間降水量が１０００ミリを超え、しかも土壌は粘土質。にもかかわらず、デイビッドの土は、周辺の農地の土とはまるで違う。不耕起とカバークロップを続けているおかげで、よく団粒化し、水分の浸透力が高い。大根、ヒマワリ、アルファルファ、深根性のクローバー、ライ麦、ライグラス、シナガワハギ、スーダン型ソルガムなど、土壌の団粒化を進め、粘土に穴を開けられるタイプのカバークロップをいろいろ使っている。

もうひとつ、保水性の重要な要素となるのが有機物だ。有機物含有量が１パーセント増えるごとに、１０００平米あたり1万６０００〜2万４０００リットルもの保水が可能になる。うちの農場を例にとると、有機物含有量は１９９１年の２パーセントから、２０１７年には６パーセント以上まで上昇した。１９９１年には、１０００平米あたり約３万８０００リットルの水しか貯められなかったのが、２００７年には10万２０００リットル以上貯められるようになったことになる。この差はとてつもなく大きい。とくにタイミングよく雨が降らない場合には、農場の成功を左右する要素ともなる。

２〜３年前、カリフォルニアの農場を訪ねた際、もう５年も干ばつが続いて苦労しているという話になった。そこの牧草地に生えている草はすべて一年草で、ほんの数センチしか育っていない。鋤で土を掘り返してみると、根は浅く、団粒構造も乏しい。明らかに有機物含有量が足りていない。農場主に前年の雨量を尋ねてみた。「たった８００ミリですよ」と農場主（うちは４００ミリ）。これぞまさしく〝自分で勝手に干ばつをつくり出している〟好例だ。生産者として、私たちはどんな水不足にも耐えうる強靭《きょうじん》な土を――そして農場を――つくり出していけるはずだ。

「降水量は関係ない」と言うと、みんなにいやな顔をされる。とくに乾燥地域の農家がそうだ。でも、事実なのだから仕方ない。重要なのは、「土にどのくらい雨が浸み込み、それがどのくらい有機物によって貯められるか？」。つまり〝有効雨量〟だ。

一度、平均年間降水量1370ミリというアーカンソー州の地方で講演したことがある。その地域には、さらに1300ミリ分の灌漑《かんがい》用水を引いて、約4500キロのトウモロコシを収穫している生産者がいた。水利用効率に換算すると、水25ミリあたりの収量わずか45キロ弱という数字になる。それに引き換え、うちの農場の平均収量は、年間降水量400ミリ〔日本一降水量が少ない長野県で965ミリ（気象庁「2020年平年値」）〕でトウモロコシ約3225キロ。水利用効率は、水25ミリあたり約205キロに及ぶ。アーカンソーの生産者たちは、本来なら灌漑用水など一滴も使わずに、ラクラク同じ量のトウモロコシを収穫できているはず。彼らがすべきはただひとつ、水分浸透性や保水性の問題に対処することなのだ。

どうやら害虫問題は、ほとんどの生産者にとってこれまで以上に大きな課題となっているようだ。解決策はおもに農薬散布か、遺伝子組み換え作物。私も昔はそうしていた。その後、いろいろなカバークロップを育てるようになり、何年も経たずして害虫に困らなくなったことに気づいた。事実、うちの農場では２０００年以前から農薬を使っていない（唯一の例外がトウモロコシの種子消毒で、それも２０１０年にやめた）。

なぜやめることができたのか？　それは多様なカバークロップを育てたこと、そして、花をつける品種を混ぜたためだと思う。こうすることで、捕食者を引き寄せ、その棲み処となる環境を与えることができた。これを拡充したのが、第３章で解説したタイプの多年草の植栽だ。

## 栄養不足への対処

「作物の育ちが悪いから多年生の牧草地に切り換えたのに、牧草もやっぱり育ちが悪い」という農家をこれまで数多く見てきた。なぜこんなことが起きるかというと、そもそも養分循環の問題に対処していないせいだ。だから、多年草に変えても育ちが悪い。この問題に対処するひとつの方法を解説したい。

うちの農場では、ライ麦、冬ライ小麦、ヘアリーベッチなど秋播きの二年草を、多年草が植わっている場所に直接植えることで大きな成果を出している。その際、多年草を除草剤で根絶やしにしたりしない。翌春、二年草が花をつけはじめるまで育て、そのあと牛を入れる。ただし、地上部分の35パーセントくらいしか食べさせない。残りは踏みつけられ、それが地表に分厚い草の覆いをかけてくれる。

そして、今度はそのなかに、暑さに強い暖地型のカバークロップ・ブレンドを直接播いていく。その際、耕すと土をめちゃくちゃにかき乱してしまうので、極力耕さずに播くようにしたい（理由を忘れた人は第7章へ）。市場に出回っている不耕起の播種機であれば、たいていはこういった草の層のなかにも直接種を播くことができる。ただ、多年草が植わっている場所に一年草や二年草の種を播くにはひと工夫いる。種と土がうまく接することが大切だ。うちの農場では、播種機にしっかり圧をかけるようにして、地表の草がちゃんと切断されるよう、そして種が望ましい深さに届いて、そこにとどまり、上から土がかかるよう万全を期している。多年草が生えている場所にカバークロップを播く際に見られる失敗のほとんどは、種と土がうまく接していないこと、そして、発芽をうながすちょうどよい量の土をかぶせられていないことだ。

うちの農場では、スーダン型ソルガム、トウジンビエ、ケール、大根、スイートクローバー、ヒマワリ、ソバ、ベニバナをよく使う。効果が十全に発揮されるように、しっかり成長を待ってから牛を放牧する。

同じことを翌年も繰り返すが、ブレンドの品種は変える。春には、大麦、オーツ麦、エンドウマメ、ケールのブレンドを播く。これらも草の覆いのなかに直接、多年草が育ちはじめる前の早いタイミングに播く。放牧は６月下旬。念頭に置くのは、多年草が「育ちはするけれど、カバークロップに少し光を遮られる」という状態。放牧が完了したら、残渣のなかにそのまま暖地型のブレンドを播く。ここには晩秋から冬になるまで放牧しない。

３年目は、オーツ麦と、その区画にずっと生やしておきたい多年生の何らかの草を合わせて植える。この方法で、うちの農場では養分循環も土壌の質も改善され、目覚ましい成果が出ている。

土が健康であれば、微生物たち自身も養分を蓄え、循環させてくれることを忘れてはならない。地中に存在するとされる２００万～３００万種のバクテリアのうち、確認されて名前がついているものはわずか２～５パーセント。バクテリアの繁殖能力は計り知れない。たったひとつのバクテリアが１時間に１回分裂を繰り返すだけで、わずか24時間後には１７００万個の細胞に増殖する。なかにはわずか20分で数が倍になるような種類もある。これらバクテリアの細胞は最大60パーセント近くが窒素分。つまり、バクテリアは地中の莫大な窒素源なのだ。

養分循環について、重要なことがもうひとつ。畑に化学肥料を撒いた場合、じつはその40パーセントしか、その年の作物には吸収されないのだ。残りは地中にとどまり、多くの場合——とくに窒素の場合——漏れ出して失われる。この目減りを防ぐのにいちばんよい方法は、カバークロップを育てること。自然の力によって、化学的な窒素分が無機態窒素の形に変質し、それをカバークロップが吸収して内部に「貯留する」。植物が一生を終えると、養分は循環する。わざわざお金を払って化学肥料を買うなら、しっかり土地にとどめない手はない。

## 作付けの計画をつくる

よく生産者から「作付けの計画にうまくカバークロップを組み込めない」という声が聞かれる。私が返すのは「カバークロップをいちばんに考えなければいけないよ。作付けをまるごと変えるんだ」。手っ取り早いのは、一年草の秋播き。うちでは、「ライ麦、ヘアリーベッチ、大根」というシンプルな組み合わせをとりあえず播く。ライ麦は大量の根を張り、土壌を団粒化して、有機物含有量を増やしてくれる。マメ科のヘアリーベッチは根粒菌の棲み処となって、大気中の窒素を利用可能な形に変換してくれる。大根は冬に枯れるが、窒素を貯留し、循環させてくれる。やり方もいろいろ選べる。コンバインで刈り取ってもいいし、放牧してもいい。またはそのまま終わりにして、残渣の上に新しい作物を植えてもいい。

うちの農場のやり方がみなさんのところでもうまくいくとは限らないけれど、それぞれに合ったやり方を考えてもらうための参考として、うちでのやり方や選び方を説明してみたい。うちの農場には耕作地が約８００万平米あって、さまざまな穀物やカバークロップや飼料を育てている。これらの耕作地の土のなかに、年間通してできるだけ長いあいだ、生きた根を保ちたいと考えている。

第1部で書いたとおり、シェリーと私は最初に農場をやりはじめたころ、シェリーの両親が長年続けていた「春小麦、オーツ麦、大麦」の単調な繰り返しを離れて、作物の種類を増やしていった。義父母のやり方は、あの時代のノースダコタのほとんどの生産者が常識的にやっていたことだったし、いまでも、ほとんどの生産者は数種類の作物しか育てていない。私は寒地型の広葉作物であるエンドウマメとヘアリーベッチ、暖地型のイネ科作物であるトウモロコシ、雑穀、スーダン型ソルガムを足すことにした。さらに暖地型の広葉作物を入れるため、亜麻とヒマワリを加えた。こうしてうちの農場の作付け品目は広がり、４つの作物タイプ——暑さに強い暖地型広葉作物、寒さに強い寒地型広葉作物、さらに暖地型イネ科作物、寒地型イネ科作物――をすべてふくむ形となった。多様性はすべてのカギだ。

こんなにいろいろな作物をどうやって作付けするのか？　答えは簡単、いわば〝体系的カオス〟だ。うちにはひとつの決まった作付け計画はない。決まった計画は反復を意味する。そして、反復は失敗への道。自然を見てみるといい。いったいどこに反復があろうか？　どこにもない。自然のなかでは、さまざまな植物がそれぞれ状況に合わせて自己表現している。水分、温度、日光、湿気、その他数知れない変数が作用して、その年に繁栄する植物や動物、さらには虫、微生物が決まる。この多様性のパワーがひとたびわかってきたら、だれだって作付けを変えてみたくなるはずだ。

考え方として、私はどんな区画にも、4年周期で、4つの作物タイプのうち少なくとも3タイプを植えようと心がけている。理想は4タイプだけれど、さすがにそこまではいかない年もある。人からはよく「それは全然計画になってないじゃないか」と言われる。でもすでに書いたとおり、決まった計画を準備しても、自然は必ずその先を行く。害虫たちは順応し、最後は大宴会となるのがオチ。おなじみの「トウモロコシ＋大豆」の組み合わせが、トウモロコシのシンクイムシやネキリムシ、大豆の線虫の大量発生を招いてしまうのはその好例だろう。うちの農場の害虫たちは、次に何が起こるのか予測がつかず、足固めができないのだ。

# 除草剤と化学肥料

カバークロップの管理について、まずみんなに訊かれるのが、「除草剤を使うか？」。何を使う場合でも同じだけれど、私としてはできるかぎり〝思慮深く使う〟ことを心がけている。ということで、除草剤の散布は、通常は2〜3年に1度だけ。5年間1度も使わずに乗りきったこともあるけれど、外来種の多年草にはつねに目を光らせておく必要がある。とくに、草を刈り取らずにその場に残している場合は注意が必要だ。生えてしまった雑草を枯らす「茎葉《けいよう》処理型除草剤」はめったに使わない。人間や家畜の口に入る作物に薬剤がかかるようなことはしたくない。

〝いまだに除草剤の力を借りることがある〟ことで、よく批判を受けたりもする。事実だし、自分でもうれしくない。でも、土を耕すよりはマシだ。私にしてみれば、ときたま除草剤を散布するより、土を耕す方がよほど害は大きい。言い訳するつもりはないし、実際、除草剤の使用をやめようとがんばってはいる。でも、間違っても、土を耕してまで除草するつもりはない。毎年、北米各地の何百もの農場や牧場に足を運び、そのなかには有機農家の農場も数十か所あるけれど、それらのどれひとつとして、うちに肩を並べるような土のある場所はない。有機農家は除草剤は使わないけれど、耕耘機は使う。それによって、土壌の構造や機能は見事に破壊されてしまう。
気づいたのは、自分の農地でも、よその農地でも、土の健康状態がよくなるにつれて、雑草の勢いが弱まってくるということ。とくに、地中の真菌とバクテリアの割合が1対1に近づくときにそうなる気がする。ニューメキシコ州立大学のデイビッド・ジョンソン博士の最近の研究によると、地中の真菌とバクテリアの割合は、農地における作物の成長――つまり、作物が栄養を吸収する効率――を大きく左右するという。一般に、森の生態系では真菌が優勢で、真菌とバクテリアの割合は100対1以上。対して、耕すなどしてむき出しになった土では、その割合は1対100に逆転し、バクテリアが優勢となる。リジェネラティブ農業は、やせた土地の回復をめざすので、ジョンソン博士によれば、もっとも効果的な割合は、作物の種類に応じて、1対1から5対1のあいだだという。これは重要なポイントで、土をこのバランスのなかに収めるには、単に化学肥料や除草剤や農薬を（有機農家がやっているように）減らす以上のことが求められる。必要なのは真菌の活動を活性化することで、つまりは、第7章で解説した5つの原則〔序文のとおり、現在は第6の原則が追加されている。〕を実行する、ということになる。

ジョンソン博士の研究によれば、土壌のなかの真菌こそが、ほとんどの植物の初期の成長にいちばん重要な要素であるという。窒素やリンやカリウムよりも、さらには有機物含有量よりも、ずっとずっと大きな存在だというのだ。植物の種類によっては、分泌される炭素のじつに96パーセント近くが真菌や微生物を引き寄せるために分泌されている場合もあるらしい。96パーセント！　とてつもないパワーだ。それなのに、生産者も、農学者も、庭師も、そのすごさに気づいている人間がいったいどれだけいるだろう。ましてや、それを生かそうとする者など……。

自然界では、私たちが邪魔さえしなければ、生態系がみずから栄養豊かな食べ物をつくり出してくれる。さまざまな植物の根が、さまざまなシグナルをバクテリアや真菌に送り出し、さまざまな栄養素を必要な分だけつくり出してくれる。数十億年かけてつくられた、優雅で、効率的で、極度に洗練された命の相互作用のなかで、すべてが共生的に連携し、養分を植物のなかに、そして私たち人間のなかに送り込む。植物は、均衡と、健康と、多様性と、再生に向かう。それぞれの土地の特性に即しつつ、その根底にはつねに普遍的な命の原理がある。太陽のエネルギー、液体炭素、複雑多様な微生物――植物は、長きにわたる親密で入り組んだネットワークに支えられた、自然の奇跡のような存在なのだ。

ジョンソン博士は、真菌をかき乱さずに活性化させる据え置き型のコンポスト〔生ごみなどの有機物を堆肥化する容器〕を夫妻で開発している。好気性で酸素が通り、ミミズに最高品質の堆肥をこしらえてもらうタイプだ。堆肥は発酵槽のなかで熟成させる。暖かい場所では1年間。寒い場所ではそれ以上。

熟成させることで、堆肥は時間をかけて、健康な土ならではの多様な土壌生物を育んでいく。できあがった堆肥の溶液は、種まき前の種子にまぶす微生物資材としても活用できるし、1000平米あたりわずか45キロほどの堆肥を撒くだけで、微生物の活性化をうながすことができる（ただし、堆肥は地表に撒くよりも、土のなかにしき込む方がいい）。結果は手応え十分。このシステムを使えば、これまで考えられていたよりもはるかに速いペースで、やせた土を再生することができそうだ。

ハワイ・マウイ島の友人ヴィンセント・ミナは、これと似た「韓国式自然農法（KNF）」というアプローチで目覚ましい結果を出している。どちらもメリットが感じられるので、今後うちの農場でも試してみる予定だ。こうして土をどんどん健康にしていくうちに、雑草の問題も徐々にバランスがとれてきて、そのうち除草剤の使用も完全になくせたら、と期待している。

さて、化学肥料はどうか？ この本の執筆中、クリスティーン・ジョーンズ博士と土壌の生産性について話し合った。「養分が本当に乏しくて、農地として収益を出すのに不向きな土地は世界にどのくらいあるのか？」と質問すると、「ほとんどまったくない」と博士。つまり、養分はある。必要なのは、それを使えるようにする土壌生物の生態系なのだ。だから、化学肥料の使用を減らし、最終的にはなくすことも十分に可能だ。ただし、すでに書いたように〝肥料断ち〟は徐々に進める必要がある。

私が最初にやったのは、マメ科のエンドウマメを作付けに加えること。それによって、大気中にふんだんに広がる〝無料の窒素〟を利用するところからスタートした。なにしろ、１０００平米の土地の上には８０００トンもの窒素が存在しているというのだ。その〝豊穣《ほうじょう》〟を捨て置いて、わざわざ化学的な窒素肥料を店で買う意味がどこにあるだろう？　マメを作付けに加えると、たちまち土壌の健康状態や、そのあとに植えた作物の状態に改善が見られた。

オーツ麦、大麦、エンドウマメなど収穫が早い作物は、収穫後すぐに、「ライ麦＋ヘアリーベッチ＋大根少々」のブレンドを播く。大根は窒素をかき集めて、次の作物のために蓄えてくれる。

「ライ麦または冬ライ小麦＋ヘアリーベッチ」の組み合わせは、うちの農場の大黒柱だ。これら秋播きの二年草を、毎年広大な農地に播いている。播いたあとは、次のとおりさまざまな選択肢がある。

・コンバインで収穫して穀物として販売する
・春になったら牛を入れる（どんな牛でも大丈夫。上手に放牧管理すれば、複数回放牧できる）
・1回だけ放牧し、そのあとはしっかり育て、穀物として刈り取る

・飼料用に刈る（ただし、これはせっかくの炭素を土地の外に持ち出すことになるので、あまりやりたくない）
・除草剤で枯らし、残渣のなかにまた別の作物を播く（これはほとんどやらないけれど、ひとつのオプションではある）

いまあるヘアリーベッチの種は、１９９４年に最初に買った種から継いできた。20年以上も種を継いだら、それはもう、うちに合う固有の種を開発してきたのも同じこと。うまく育たなかったことは一度もなく、いつもそれなりの収量がある。そういう意味では、ほとんど保険のような存在とも言える。種を継ぐことはすべての生産者にすすめたい。心の平和を得られるすばらしい方法だと思う。

うちの農場でもっともよく育つ作物のひとつはオーツ麦で、エンドウマメと一緒に育てている。「イネ科＋マメ科」――自然の摂理が生み出した美しき共生関係だ。まとめてコンバインで刈り取って、カバークロップとして販売したり、ブタやニワトリに食べさせたり。飼料が必要と思えば、放牧したり、干し草にすることもできる。

オーツ麦だけを穀物として収穫したい場合は、エンドウマメではなくクローバーを一緒に播く。草丈の低いクリムゾンクローバーやサブタレニアンクローバーなら、オーツ麦の方が背が高くなるので、コンバインで刈り取ることができる。クローバーは、オーツ麦やその次に播く作物たちに窒素を供給してくれる。オーツ麦を収穫したら、クローバーの上に牛を入れる。菌根菌はオーツ麦が大好きで、急速に増殖する。オーツ麦の種も、うちの土に順応するようにずっと継いでいる。

トウモロコシを育てるときは、その前年にマメ科の作物を育てて、地中の窒素の循環をうながす。収穫時期の早いマメなら、続けてスーダン型ソルガム、ソバ、ササゲ、緑豆、クラスタマメなど、暖地型のカバークロップのブレンドを播く。どれも炭素の循環をうながし、冬になると枯れる。スーダン型ソルガムは分厚い覆いとなって、翌年トウモロコシが育つ際、雑草を抑えてくれる。

近隣の農家と同じく、うちもトウモロコシを育てている。ただ、近隣の農家と違うのは、トウモロコシだけを単一栽培していないこと。トウモロコシの種を播いたら、３日ほど置いて播種機で乗り込み、トウモロコシを播いた場所に直接クローバーとヘアリーベッチのブレンドを播く。まずはトウモロコシが発芽して、クローバーたちの先を行く。マメ科は窒素を循環し、雑草を抑え、花粉を運ぶ虫を引き寄せ、晩秋から冬にかけては放牧することもできる。

雨の多い地域では、トウモロコシが芽を出してからクローバーとヘアリーベッチを播く方がうまくいくらしい。でも、このやり方はうちの農場ではあまり結果に結びつかない。とはいえ、実験はどんどんやるべきだと思う。何がうまくいくかは、それぞれの場所で違って当然だから。
トウモロコシを収穫したあとは、寒さに強い「オーツ麦＋クローバー」または「大麦＋クローバー」を播くことが多い。これらがいち早く芽吹いて立ち上がることで、雑草の発芽が抑えられる。ヒマワリもトウモロコシのあとに適している。深く直根を伸ばすので、水分がギリギリの状態でもしっかり育つ。もちろん、一緒にカバークロップを植えるのも忘れずに。

ヒマワリの深い直根は、地中深くの養分循環をうながす。上からカバークロップも播きやすい。うちの農場では毎年育てるわけではないけれど、ヒマワリを育てるときは、雑穀、緑豆、クラスタマメ、ソバ、亜麻など、さまざまな暖地型の一年草を混植する。これらのブレンドは、まずヒマワリを75センチ間隔の列に播いてから、その数日後に播く。暖地型のカバークロップは霜で枯れるので、あとに残るヒマワリの収穫はラクラクだ。

２０１７年、うちは作物の混植を新たなレベルに引き上げた。オーツ麦、大麦、エンドウマメ、レンズマメ、亜麻をひとまとめにブレンドして播いたのだ。「なんだって⁉　５種類ひとまとめ？　頭がおかしいのか？」――みんなにそう言われた。なぜそんなことをしたのか？
もちろん理由あってのことだ。オーツ麦と大麦は根がひげ状なので、土壌の団粒化をうながし、有機物含有量を増やす。また、リンの循環をうながし、そのリンをエンドウマメとレンズマメが使う。マメ科の根には根粒菌が棲みついて、窒素を固定する。亜麻を混ぜるのは、種がオメガ３脂肪酸に富み、健康にいいから。これらをまとめて刈り取り、種として、または飼料として使う。

ほとんどの生産者は、時代遅れな従来型の土壌分析で土の養分含量を測定している。こういった分析で正確なデータが得られると思ったら、それはとんだ間違いだ。窒素を例にとってみよう。現在使われている従来型の土壌分析のほぼすべてが、植物が直接利用できる無機態窒素、つまりアンモニア態窒素と硝酸態窒素のみを測定している。けれど、もう１００年も前にロシアの土壌微生物学者が、植物は有機態窒素をアミノ酸吸収できることを示している。そのとおり、植物の根は有機態窒素を直接摂取するのだ。現在では、こうした有機態窒素の含量を測定することが可能になっている。これを測定しないと、植物が利用できる窒素供給量のかなりの部分が抜け落ちてしまう。「ほとんどの生産者は従来型の分析結果を信じて、窒素や塩化カリウムなどの肥料を過剰使用している」と２０１４年のイリノイ大学の研究者らの論文*は指摘し

* S.A.Khan, R.L.Mulvaney, T.R.Ellsworth, “The Potassium Paradox: Implications for Soil Fertility, Crop Production and Human Health.”

ている。
窒素肥料の過剰使用は、土壌の生物相を損ない、動物や植物の健康にも、人間の健康にも、さらには土壌の構造にも悪影響を与える。また、塩分をふくむ窒素肥料は、土壌の自己回復や自己制御の力を弱め、水や養分をうまく循環する力を損なう。そして当然ながら、自然の養分であれ、人工的な養分であれ、過剰使用されれば、余剰分は土の外に流れ出すか、土のなかに漏れ出るか、あるいはその両方となる。多すぎて使われなかった養分は、低い場所へと向かい、湖や川、湾などの水域にたどり着く。いまや川や湖には驚くべき量の硝酸塩やリン酸塩がふくまれている。ミシシッピ・デルタも、五大湖も、ワシントンＤＣの東のチェサピーク湾も、サンフランシスコ湾も、そのほかのどこもかしこも、肥料の過剰使用の影響が顕在化している。

生産者としては、敷地内にとどめることもできない肥料にあんな大金を投じるなんて、的外れと言うよりほかない。ただ単にカバークロップを植えて、化学肥料の量を減らせば、毎年肥料代が何千ドルも節約でき、ほとんどの養分をカバークロップによって固定できるはずなのだ。そして、カバークロップが分解されたら、なかに貯留されていた養分が放出され、次の作物がそれを利用できる。

化学肥料の過剰使用は、だれも得をしない――もちろん、唯一の例外は肥料会社の販売員だ。うちの農場では、化学肥料の使用を減らし、ついには完全にやめたことによって、もっとも劇的な土壌の改善が――さらには財布の状態の改善が――達成されたのだった。

## 新しい土壌分析

もうひとつ、生産者として化学肥料を減らしていくために簡単にできることは、土壌分析を新しいタイプに変えてしまうこと。アメリカなら、ぜひとも農務省農業研究局（ＡＲＳ）の土壌科学者リック・ヘイニー博士が開発した新しい分析に切り替えるべきだ。

〝土壌の男〟、レイ・アーチュレッタがヘイニー博士にはじめて会ったのは２０１１年。テキサス州の自然資源保全局の職員向けの研修で、博士が土壌分析について講義をしたのがきっかけだ。レイは瞬時に、博士が重要なパズルのピースを探りあてていることに気づいた。そして、数年前にペンシルベニア州の牧場を訪ねた際の衝撃を思い出した。レイは牧場主のジム・ハーバックとともに、彼の長年不耕起を続けてきたミミズ堆肥たっぷりのトウモロコシ畑を歩いていた。ジムはうちの農場を訪ねたことをきっかけに、２年前から何種類ものカバークロップを植え、牛糞も撒いていた。土もトウモロコシも最高の状態だった。窒素の不足は見られなかった。

それなのに、ジムはその青々としたトウモロコシ畑に大量の窒素肥料を撒いていたのだ。「なぜ窒素を撒いた?」とレイが尋ねると、「土壌分析の結果のとおりにしただけさ」とジム。「いくらかかった?」「農場全体で5万ドルくらいかな」。レイは動揺して叫んだ。「ジム、最後に旅行に行ったのは、いったいいつだ!?」。ジムは答えない。レイは続けた。「このトウモロコシ畑には窒素の追加は必要なかった。窒素を撒く費用で、家族全員でハワイに行けたはずだぞ」

土壌分析の結果を信じたために起きたミス。レイは、土壌分析のシステム自体がおかしいのではないか、と気づいた。それまでの経験から、従来型の土壌分析が窒素などの養分含量を正確に測定できていないことはわかっていた。不正確な分析結果のせいで、農家は毎年巨額の負担を強いられているのだ。しかも、窒素肥料の過剰使用は、われらが地球の健康をも著しく害している。

このストーリーからも、新しい土壌分析が必要なことは明らかだ。従来型の土壌分析は、土壌の化学特性と物理特性しか見ていない。硝酸や硫酸など腐食性で反応の早い酸を使うので、土の養分と植物の根の相互作用を再現できないのだ。この種の分析は、養分循環の90パーセントが生物学的な働きによって起きるという事実を無視している。土壌生物や植物の働きをまったく考えていないのだ。すなわち、植物の根はいかにして土壌から養分を引き出すのか? 植物は滲出物を出すことで、つまり何百という炭素化合物――糖、タンパク質、有機酸、その他さまざまな水溶性の化合物――を分泌することで、養分を引き出しているのだ。

ヘイニー博士は気づいた。土壌分析が意味あるものとなるためには、植物の根から分泌される3つの酸――シュウ酸、リンゴ酸、クエン酸――を再現できなければならない。また、養分の抽出には酸ではなく水を使うべきだ――土には雨が降るのだから。ヘイニー博士のアプローチは、自然の動きを捉えようとする「グリーンケミストリー」の考え方に基づく。従来型の分析が、酸による化学反応を使って〝無理やり〟養分含量を測定するのに対し、こちらのアプローチはより受動的に、植物が使用可能な養分含量を穏やかに測定する。自然界には、無理やり化学反応を起こさせる酸など存在しない。植物の根からはそんなものは分泌されない。従来型の分析は、言ってみれば、現代農業とまったく同じで、「自然の生態系に耳を澄ますのではなく、人間がいちばんいいと思う形に無理やりシステムを当てはめようとする」アプローチなのだ。

ヘイニー土壌分析は次の7つの項目を測定する。

・水抽出性有機態炭素（WEOC）
・水抽出性有機態窒素（WEON）
・微生物活性炭素（MAC）
・無機態窒素とリンの値

・有機態窒素とリンの値
・有機炭素率（C／N比）
・一日の二酸化炭素呼吸量

これら7項目すべてを使って、最終的な土壌分析のスコアが出る。各項目の測定結果をもとに、春から秋にかけて「実際につくり出される窒素、リン、カリウム」の量を見極めることができる。

## 「牧場栽培」への道

カバークロップの話は、オーストラリアのニューサウスウェールズ州で羊を飼っているコリン・シースの話抜きに終わらせるわけにはいかない。驚くべきストーリーだ。

コリンは「牧場栽培」という農法の先駆者となったひとり。これは、休眠中の暖地型の牧草地に、寒地型の穀類を不耕起で播く、という農法。まず穀類が発芽して成長し、その後気温が上昇してくると、暖地型の牧草も生えてきて、生きた下草の層を形成する。上の穀類を収穫すると、暖地型の牧草はもっと成長してくるので、コリンはそこに羊を放す。こうして、ひとつの区画でふたつの作物を育てられるだけでなく、暖地型と寒地型のブレンドによって、炭素分に富んだ土ができあがる。

　私たち同様、コリンも長い紆余曲折を経て、この「牧場栽培」にたどり着いた。最初のきっかけは1979年の山火事。被害は農場全体に及び、コリン自身も入院する事態に。そして退院したとき、残ったお金はゼロ。彼は農業のやり方全体を考えなおさなければならなかった（どこかで聞いたような話だ）。コリンの農場は、収益面でも、環境面でも、だいぶ前から悪化の一途をたどっていた。収量は落ち込み、土壌の炭素分も減少。コリンの父親が何十年も慣行農法で管理し、過リン酸石灰などを大量に使用していたそうだ（オーストラリアではこれを政府が推進していた）。化学肥料の使用で、しばらくのあいだ、収量は上がったらしい。でも、ほどなくして生態系の機能が弱まり、土の健康状態の悪化や、塩分濃度の上昇、雑草や害虫の大発生など、さまざまな問題が出てきたという。

　コリンは少しずつ農場の状態を回復していった。燃えた設備は元通りに。価格上昇が続く農薬はいっさい使用しなかった。また、自生の草を繁らせようと模索した。「自生の草ならいくらでも生えてくるのだから、それを生かさない手はない」。コリンはよく近所の農家仲間とビール片手に農法について語り合った。そのなかで、この「牧場栽培」という奇想天外なアイディアを思いついたという。「寒地型の穀類を、休眠中の暖地型の牧草地に不耕起で播いてみてはどうだろう？　果たしてうまくいくか？」

答えはイエスだった。寒地型の植物と暖地型の植物は葉の構造が異なり、違う酵素を使って光合成を行う。寒地型の植物はタンパク質やエネルギーに富む。暖地型の植物は、効率的に二酸化炭素を集め、窒素を使う。成長に必要な水分量も少ない。「牧場栽培」は、休眠期、成長周期、必要な水分と養分、土壌生物とのさまざまな関係など、寒地型と暖地型の植物の生態的なバランスをうまく利用する農法なのだ。

自然はまさしく、そのように回っている。一年草、多年草、寒地型、暖地型、そして動物。これらがみな〝体系的カオス〟のなかで連携しているのだ。

「牧場栽培」によって、コリンは農場のさまざまな問題を解決し、収益も劇的に伸ばした。飼育できる羊の数は増え、羊毛のクオリティも上昇。牧場はいまではほぼ自生の草地で、50種類以上の牧草が繁っている。穀類の収量も上々。養分循環も向上。そして、なにより大きいのは、「牧場栽培」をはじめてから、土壌の炭素分が2倍以上に増え、保水性も劇的に向上したこと。

「牧場栽培」はきっと世界各地で生かせるはずだ。たとえばアメリカなら、南部や南東部の州はどこも暖地型の植物一色。秋になったら、これらの多年草のなかに直接、寒地型の作物を播いてみればいい。

コリン同様、私も破滅的な数年間を経験したおかげで、うちの農場に合うやり方を再考できた。もうこれ以上、災害に振り回されるものかと思った。繰り返すが、カバークロップは万能ではない。非常に重要な要素ではあるけれど、あくまでも大きなパズルのなかの1ピースにすぎない。だから、まずはあなたの農場の問題に向き合い、その解決をめざすこと。そして、生きた植物には土を再生する力がある。レイ・アーチュレッタの言うとおり、「植物と土は切り離せない」のだ。

# 第9章
# 土さえあればうまくいく

講演や農場見学でもっともよく出る質問のひとつは、「そのやり方はノースダコタではうまくいくかのもしれないが、うちでも同じようにできると思いますか？」。端《はな》から疑っている様子の質問者も多い。「うちでは絶対できませんよ」と言わんばかりに。

質問者の農場の様子を聞き出してみると、たいていは言い訳が待ちかまえている。「うまくいくはずがありませんよ、だって、土が粘土質だから／乾燥しているから／水はけが悪いから／低地だから／高地だから／石が多すぎるから／土が締まりすぎているから……（以下続く）」。私の答えはいつも同じで、「土はありますか？」。もちろん、ないはずがない。土があれば、リジェネラティブ農業はうまくいく。なぜなら、土の健康の５原則〔序文のとおり、現在は第６の原則が追加されている〕はどんな場所にも当てはまるからだ。５原則を忠実に守って、土壌生物を適切に取り込めば、結果はついてくる。

この章では、この〝うちでもできるのか〟という疑問に答えるべく、リジェネラティブ農業に挑戦したさまざまな農家のストーリーを紹介する。なかには目覚ましい成功を収めた者もいる。道のりややり方はそれぞれ違い、試練の形もさまざまだけれど、みなそれぞれに、自分が住む地でリジェネラティブ農業を成功させている。

## 大工からリジェネラティブ農家へ――ダリン・ウィリアムズ

ダリンと妻のナンシーは、カンザス州東部の若い農家。大豆、トウモロコシ、小麦、ライ麦、ライ小麦、ヒマワリなど、さまざまなカバークロップや作物を育てて、うちのような〝カオスの園〟をつくっている。祖父は農家で、ダリン自身も若いころに少し畑をやっていたものの、当初は農業の道に進むつもりはなかった。農業に未来はないと言われ、カンザスシティに出ていって大工になり、建設業で成功を収めた。しかし、農業への思いは消えず、２００６年、実家の農場に戻り、24万平米の土地で農家としてのキャリアをスタートさせた。土地の状態は悪く、しかも彼の知っていた唯一の農法は慣行農法――しっかり耕してガッツリ化学肥料をやるそれだった。収益性は悪かったが、ほかの方法を知らなかった。だから、生計を立てるために大工の仕事も続け、農場から建築現場に通う日々だった。

状況が変わったのは、２００８年の終わり。ダリンは農業雑誌で私の記事を読んだ。すでに不耕起には手を出しはじめていたけれど、記事を読んでの最初の感想は「こんなのデタラメだ」。にもかかわらず、私がカンザス州に出向いて講演したとき、ダリンは近隣の農家４人を引き連れて、聴きに来たのだ。その日、同行者のなかでリジェネラティブ農業を試してみようと決意したのは、ダリンただひとり。残りの４人は「絶対にうまくいくわけがない」と言い張った。

いま、ダリンの大豆の収量は、郡の平均の2倍近く。近隣の慣行農家はダリンの収量の半分で、しかも農薬や化学肥料や遺伝子組み換えの種のコストもかかっている。

「最初の3年はみんなにバカにされていた。でも、いまは違う」とダリン。

彼は大工や建設の仕事から多くを学んだという。ビジネスチャンスの探し方。新しい収益の生み出し方。そして、開かれた心を持ち続けることの価値。科学的なデータをいろいろ見なくても、リジェネラティブ農業がうまくいくことはわかったし、私の話にウソがなく、聞き手に何かを売り込もうとしているわけではないことも見てとれたという。好印象を抱いたダリンは、「とりあえず5年間リジェネラティブ農業をやってみよう」と決意。そして、よい変化はわずか2年で現れた。農場の土はより健康になり、収量は早くも上向きはじめた。ダリンは正しい道を進んでいると感じた。

彼はリジェネラティブ農業の導入を3段階で進めていった。第1のステップは、多様性の確保。もともとはトウモロコシと大豆しか栽培していなかったので、もっと作物を増やさなければと思った。カブ、大根、ソバ、ヒマワリ、雑穀など8種のカバークロップを植えて家畜を組み入れようと思ったが、まずはかつて農場で育てられていたオーツ麦からはじめてみることにした。その後、うちの農場に見学に来たことで、さらにイメージは広がったそうだ。うちの農場では、植物の根が地中深くにまっすぐ伸びている。多くの農場にありがちな締まった土では、根は横向きに伸びるのだ。

そして、カバークロップが驚くほど雑草を抑えることを見てとったダリンは、遺伝子組み換えでない作物を育ててみようと考えた。比較のため、遺伝子組み換えとそうでないものを、それぞれカバークロップのあとに播いてみることにした。こうすれば違いがいちばんよくわかる。

結果は雄弁だった。遺伝子組み換えでない大豆の収量は、遺伝子組み換えの大豆の収量と変わらなかった。ということは、遺伝子組み換えでない大豆は、除草剤のコストもかからず、市場でもずっと高い値段がつくわけだから、収益性ははるかに大きいことになる。

いま、ダリン夫妻の遺伝子組み換えでない大豆の収量は、郡の平均の2倍前後を安定してキープしている。種子消毒もなし。化学肥料も殺菌剤もまったく使わずにだ。

第2のステップは、家畜の導入。ダリンは牛を1頭も飼っておらず、どの種類を選べばよいのかもわからない状態だったが、ブリティッシュホワイト種に決め、いまでは放牧の牛肉を直接販売している。

第3のステップは、除草剤を使った大豆と、使わない大豆の収量の比較だった。「収量がほとんど同じだとわかったとき、健康な土の価値を本当の意味で悟ったよ」とダリン。

うちと同様、ダリンの場合も、カギは「収量」ではなく、「収益」だった。もちろん、カバークロップの種代はかかるけれど、そのほかのコストが下がる分、節約につながる。そして、より高い値段がつくことで収益が増えたばかりか、作物の見た目もよくなり、土がよくなったことがはっきり感じられたという。しかも、変化はあっという間に現れた。最初の3年間、収量はどんどん上がっていった。「よく、不耕起は7年続けないと収量が増えないと言われるけど、個人的な経験では、そんなことはないね」

2010年、ダリンは専業の農家となり、工具ベルトを腰から外した。いまでもときおり、多少の化学肥料や少しばかりの除草剤を使う。口ぐせは「完全無欠な農場なんてどこにもないからね」。有機認証もとっていない。「人にはいつも、ほしい認証は〝成功〟の認証だけだよ、と言っている」

最近、夫妻は遺伝子組み換えでない穀物の流通センターを立ち上げた。流通センターがあることで、遺伝子組み換えでない穀物の収益性が上がり、ひいては生態系の改善にもつながる。


なぜ、ほかの農家はダリンたちのように踏み出せないのか？　ダリンに言わせれば、原因のひとつはお金だ。多くの農家は経済的に逼迫《ひっぱく》しすぎていて、リスクをとって失敗するような真似をしたくない。もうひとつは習慣だ。みんな現行のシステムで（政府の農業保険から多大な援助を受けて）作物を育てることができているので、わざわざほかの方法を試す動機が起こらない。そしてもうひとつ。慣行農法が長期的な存続につながらない事実を直視しようともせずに、なんでも人のせいにしようとする思考パターンの存在がある。ダリンは進んでリスクをとろうとした。

「リジェネラティブ農業に必要なのは、やる気、そして山ほどの試行錯誤。そのなかから自分の農地で何がうまくいくのかを見極めていくんだ。失敗から学ぼうとする姿勢も欠かせない」。彼の持論は「特効薬はない」。〝きわめつけ〟の農法などないし、あらゆる問題を解決する〝秘密の〟カバークロップのブレンドがあるわけでもない。「みんな自分ですべて解決できると思い込んでいる。でも、そんなことはない。最後に笑うのは自然だよ」

カギは、土壌の原則を実行すること。そして、状況に合わせて柔軟に対処すること。「勝手に限界をつくってはいけない」とダリン。「自分を箱に閉じ込めない。うちの場合は、ひたすら土と有機物に目を向けた。ほかはすべて二の次だったんだ」

## 消防士からの転身――ラッセル・ヘドリック

ラッセルは10年近く消防士として働いたあと、27歳で農家への転身を決意した。夢を追い求める彼の前には、数々の厳しい試練が待ち受けていた。親兄弟にも農家はゼロ。思いきったチャレンジを前に、頼れる知識も経験もない。そもそも農機具ひとつない。彼が持っていたのは、農業への飽くなき好奇心と、「とにかく挑戦してみたい」という意欲だけだった。

彼は、12万平米の土地を見つけ、穀物を育てて家畜を飼おうと考えた。何からはじめるべきかアドバイスを求めると、近隣の農家はみな「農機具の3点セットがなければ、何もはじまらない」と口をそろえる。すなわち１５０馬力のトラクター、６メートル用のディスクハロー（砕土機）付き耕耘機、８列用の播種機だ。別の意見も聞いてみようと、自然資源保全局の地区保全担当官に話を聞くと、彼は不耕起とカバークロップをすすめてきた。そして、「最終決定する前にレイ・アーチュレッタとゲイブ・ブラウンに話を聞いてみたらいい」と提案してくれた。

「正反対の意見に囲まれて、どちらを選べばよいのかわからなかったよ」とラッセルは回想する。「生まれてこの方、耕した土しか見たことがなかったし、そうするものだと思い込んでいたからね。でも、資金不足の問題があったから、不耕起も魅力的に思えたんだ」

まずは自然資源保全局の国立技術センターに勤務するレイ・アーチュレッタに電話をかけてみた。レイは不耕起とカバークロップのメリットをくわしく説明してくれ、さらに「ゲイブに電話して家畜についても訊いてみるといい」と言った。

電話で私が伝えた最初の言葉は、ごくシンプルなものだった――「農業で成功を収めようと思ったら、お金をつくる方法を学んでいかなければ。これまでの農業は、お金を使うことばかり。ろくにつくり出していない。面積あたりの収益性の向上に目を向けるべきだ」。それを家畜の力で実現するために、小型から中型の家畜を放牧して、肉を直接販売することをすすめた。話を聞きながら、ラッセルは「環境のまったく違うノースカロライナでもうまくいくだろうか?」と疑問を口にした。私の答えは「必ずうまくいく。ノースダコタの降水量は年間４００ミリ。ノースカロライナは１２７０ミリも降るんだから、むしろ簡単なはずだよ」。「土の健康の5原則についても、〝太陽が照る場所なら、土は必ず健康になる〟と言われて、気持ちはかたまった」。かくして、ラッセルはリジェネラティブ農業を試してみようと決意したのだった。

まず、最初にカバークロップの種を買い、翌春4月にトウモロコシを育てることを見越して10月初めに播いた。土地は数十年耕し続けられていて、化学肥料と農薬もふつうに使われていたけれど、まずまずの状態だった。とはいえ、地中の炭素貯留量は大幅に減っていたので、レイと私はラッセルに「まずは少しでも早く有機物含有量のレベルを上げることに注力した方がいい」と言った。しかし、近くの大学の農学部に「不耕起とカバークロップでどのくらい有機物含有量を引き上げられるだろう?」と尋ねてみると、答えはなんと「無理。できるはずがない」。ノースダコタと違い、ノースカロライナは冬に土が凍結しないので、土にどれだけ有機物を送り込んでも、地中の微生物が休眠しないために全部吸い取られてしまうというのだ。ラッセルは説明した――「地中の微生物やミミズが活発に動くことで、炭素は年間通して循環し、土の健康状態も炭素貯留量も向上するのではないか?」。でも、彼らは耳を貸したくないようだった。なにしろ相手はただの新入り農家なのだから。

「とにかくカバークロップなんて時間のむだだと言われた。そして、農地は１年のうち５か月はむき出しのまま休ませないと生産性が下がると」

この言葉を聞いて、ラッセルは私のアドバイスを思い出したそうだ――「なぜ12か月分税金を払っている土地で7か月しか作物を育てないのか? 12か月フルに育てない法はない」。

こうしてラッセルはリジェネラティブの道を進み、家畜を農場に組み込んだ。最初は牛10頭とブタ12頭――それが支払えるすべてだった。いまでは牛40頭、ブタ50頭、さらに羊も数頭いる。収量はあっという間に上がった。２０１６年、ラッセルは州のトウモロコシ収量コンテストの乾地農業部門で優勝を飾る。農業をはじめて覚えてから、わずか4年! 州の平均収量を軽々超えたどころか、灌漑農業部門の優勝者の記録にも肉薄する数字だった。

でも、ラッセルがなによりも喜んでいる数字はこれ。大学の専門家の予測を覆し、土の有機物含有量が２０１２年の２パーセントから5パーセントまで上がったのだ。

いまラッセルの農場は、12万平米から４００万平米にまでふくらんだ。トウモロコシと家畜に加えて、大豆、大麦、オーツ麦も育てている。私のアドバイスもしっかり心に刻んで、農場ではさまざまな事業を展開している。育てているトウモロコシの一部は、ホピ族によって受け継がれてきたブルーコーン。だから通常よりも高い価格で売れる。別のトウモロコシは彼自身が共同所有者となっている近所のウイスキー蒸留所に出荷する。ラッセルのトウモロコシの穂は密度があって、慣行栽培のトウモロコシよりもアルコールを多く生成できるそうだ。そのほか、種も生産し、いろいろな店に卸している。最近はビールの醸造所などからも注目を集めていて、「原料を栽培してもらえないか」と打診を受けているという。そしてなんと、ノースカロライナ州立大学でリジェネラティブ農業の講義まで受け持っている。

ラッセルはソーシャルメディアを使って商品をＰＲするとともに、土壌に関する気づきや学びをシェアしている。「カバークロップだけでなく、家畜も使えば、土地は2倍の速さでよみがえるよ」。自称ユーチューブ中毒の彼は、２０１２年以降、すでに数千の農業動画を観ている。インターネットが提供してくれる〝無料素材〟が大好きなので、かつての自分のような初心者向けの媒体として、ソーシャルメディアを活用したいのだそうだ。

「みんなゲイブの話を聞いて、家畜を買いに走る。でも、正しいやり方がわかっていない人も多い。だからソーシャルメディアで助けたいんだよ」

## 兄弟を説得——ジャック・スタール

２０１２年、私はカナダに出向いて、農家たちを前に講演した。その間、最前列に座った男がずっとこちらをにらみつけている。これまでにも手ごわい聴衆はいたが、この厳しい顔つきの農家はそのなかでも群を抜いているように見えた。でも、待ち受けていたのは、予想外の事実だった。

「最初の二言で引き込まれてしまったんだよ」と、その男ジャックは回想する。

ジャックはこの日、化学肥料を減らす方法を知りたくて参加していたそうだ。カナダで兄弟たちと広大な農場を営んでいるが、年間の肥料コストは上がる一方。それなのに収量は横ばい。つまりは利幅が縮んでしまっていた。農場は数年前から不耕起に転じていたが、逆に雑草が増え、除草剤や農薬のコストもかさんでいる。この状況を打開したいと考えていたとき、たまたま私の講演会のことを知ったという。「たぶん地域の農業相談員のような人間の話だから、どうせお決まりのアドバイスを聞かされるだけだろう。化学肥料やら農薬やら、いろいろ殺すものを使えと言われるにちがいない」と踏んでいたジャック。でも、「大気中の窒素は無料で、それを簡単に作物の肥料として活用できる」という言葉を耳にした瞬間、同志に出会った気がしたそうだ。

「経済的に壁にぶち当たっていて、やり方を変えるしかないと感じていたんだ」とジャック。

「だから、ゲイブの話はとてもよかった。でも、あの日話を聞いていて、もうひとつ思ったのは、自分たちはこれまでの農業の知識を捨てて、すべてを学びなおす必要があるんだということ。つくづく、これからの農業の成功は、どれだけ早く古い知識を捨てられるかにかかっているんだと思う」

講演のあと、家に戻ると、兄弟たちは懐疑的ながらも、「もし成果を示せるのなら」と実験に賛成してくれたという。そこで、まずは14種のカバークロップを試してみると、夏には、たちまち成果が表れた。「全部がよくなって、兄弟たちも〝すべてを一新することを考えるべきなのかもしれない〟と思ってくれたんだ」。次に試したのは、区画ごとにさまざまなカバークロップの組み合わせを植えてみること。これが次々に成功を収めた。そして、次のステップは……もう存在しなかった。実験はおしまい。農場全体で「やろう！」と決めたのだ。ほどなくして、肥料や農薬のコストは数年前の６割減となり、収量は予想を大幅に上回る水準となった。ジャックは言う。「植物が育って、土がある場所なら、きっとどこでも同じようになるよ」

２０１５年にカナダで開かれた土壌会議で、私は、ジャック、地区の土壌保全担当官ジェイ・フューラー、そして、ジャックの農地の土壌分析をしていた土壌科学者ニコール・マスターズの３人と顔を合わせた。テーマは「リジェネラティブ農業への転換をできるかぎり早く終わらせる」。すでにジャックは化学肥料をほぼ完全にやめられていて、家畜の導入も進んでいた。だいぶ前からホリスティックな土地管理や牧場の収益性向上に関心があったので、計画放牧も取り入れていたけれど、放牧はまだ畑と切り離されたままだった。でも、これからは違う。いま、ジャックの農場では、年間通してできるかぎり牛たちにカバークロップを食べさせている。

　こうした挑戦には、もちろん正確な見取り図があるわけではないけれど、先人たちの経験や助言があるいま、これまでのような試行錯誤を経なくても成果は出せるというのがジャックの実感だ。収量はアップ。コストはダウン。そして、自然本来の生産性が戻ってきた。

「土のなかに炭素があるっていうのは、銀行口座に預金があるよりもはるかに価値があるよ」とジャック。「銀行の人間がうちの作物の収量をほめそやすから、〝むしろ炭素の量をほめてくれ〟って言ってやった」

　ジャックによれば、このアプローチのもうひとつの大きなメリットは「自由」だという。化学物質や、強欲な企業や、政府の認証や、思いやりのかけらもない市場への依存からの解放。さらに、工業型農業に付き物の破壊的な考え方からの解放。

「自然を殺し続けてはいけないよ。もっと光合成を増やさなくては」

　そんなプロセスのなか、もうひとつ取り戻されたものがある――〝楽しさ〟だ。「考え方を変えたら、全部がまた楽しくなってきたんだ」

ジャックは、人間の傲慢《ごうまん》な干渉なしに繰り広げられる自然の営みを眺めるのが大好きだ。たとえばバッタ。虫はジャックの地域でも大きな課題だが、こと彼の農場では、もはや問題ではない。生きた土で健康に育つ作物は、糖度が高すぎてバッタには摂取できないのだ。糖度のおかげで、ジャックの作物は〝耐水〟ならぬ〝耐バッタ〟。殺虫剤の使用はとっくにやめていて、いまでは畑に虫が飛んでいても一向に気にならない。遺伝子組み換え作物の使用も、彼に言わせれば傲慢な行為だ。「長い目で見たら、自然をコントロールして打ち勝つなんて、できるはずがない。結局は自然がすべてを決めるのさ」

ジャックは、2017年に発生した近年まれに見る長い干ばつさえもが楽しかったと言う。健康な状態にある植物と土が、干ばつの到来にどう応えるかを観察するのはワクワクすることだったそうだ。「洪水、雪、干ばつ、熱波、なんだって平気だ。農場が健康でありさえすればね」

自分の農場が大干ばつをやりすごすところを見るのが楽しいなんて、ちょっとふつうではないけれど、事実ジャックはあまのじゃくを自認している。とくに、人が「うまくいくはずがない」ということをやるとき。まるで自分を見るようだが、実際、彼は私の存在に大いに感化されていると言う。そして、自分の成功や体験を（できれば断りたいはずのインタビューを受けてまで）人々にシェアしていかなければ、と思っているのだそうだ。

## 父子の再出発——ジョナサン・コッブ

ジョナサンは農場の4代目として育ったが、大学に進学した時点では、よもや農場に戻るつもりはなかった。

経営学の学位を取得後、結婚し、都会へ。でも、農場暮らしの誘惑には抗《あらが》えず。2007年、妻とともに、実家が営むテキサス州の1000万平米の農場に戻ってきた。農場は祖父母の時代には多品目栽培。それが第二次大戦以前のアメリカの田舎ではふつうだったが、時代とともに単一栽培と化学肥料満載の工業型農業に変わってしまっていた。

とはいえ、悪いことばかりではなかった。ジョナサンの父親は「ストリップ耕起」という部分耕起の手法を使っており、しかも、ずいぶん前から節約のために化学肥料や農薬類の使用を多少減らしていた。おかげで土地の状態は、ジョナサンが戻ってくる前の10年で少し上向きとなっていた。土壌分析によると、炭素量は10年前の1パーセントから2パーセントに上がり、水分浸透速度も向上していた。

ただ、ジョナサンは不満だった。彼はフレッシュな視点と、ビジネスの世界で得た経験を携えて農場に戻ってきた。そこで目にしたのは、経営的に持続不可能な農業モデルだった。収量は郡の平均を上回っていたけれど、数十年前に比べて明らかに増えているわけではない。そして、ほとんど毎年のように、干ばつの被害やらトウモロコシのアフラトキシン（かび毒）やらで、農業保険の保険金を請求している。父親の農法のおかげで土地の状態はゆるやかに上向いていたとはいえ、こんなに投入コストが多くては、長期的に2世帯の家族が食べていけるような経済的な基盤づくりは不可能だ。「システムに弾力性がまったくなくて、つねに〝成功〟と〝失敗〟のあいだを綱渡りしているような感じだった」。２０１１年、深刻な干ばつがはじまると、ついに農場は――そしてジョナサンは――限界に達してしまう。いよいよ農場を閉じる話を父親としなければならない、とジョナサンは心を決めた。１１０年続いた農場は、道の終わりを迎えたようだった。

「農家にとって、これはいちばんきつい種類の会話でね」とジョナサンは回想する。「すごく感情的になってしまった」

幸い、農場はあるデモンストレーションによって救われることになる。

２０１１年、ジョナサンは、当時の州の農業担当官の勧めで、地区の自然資源保全局の研修に参加した。メインの講師はレイ・アーチュレッタ。レイはいつもどおりプラスチック管の実験によって、しっかり耕した慣行農法の土が水に入れるとすぐに溶けてしまうのを見せ、参加者たちに「長期的に農業で成功をめざすには、土壌の構造が整う必要がある」と説明した。

ジョナサンは深く納得した。溶けた土とレイの言葉は、彼のなかに強烈な印象を残した。「昼の休憩に入るころには、もう心は決まっていた。〝こんな大事なことをこのまま捨てておくわけにはいかない、農場を続けてみなければ〟ってね」

ジョナサンは、彼自身の言葉を借りれば、「土の健康という〝別世界〟に飛び込む決意をした」。講師のレイに挨拶し、その年の終わりには、オハイオ州のデイビッド・ブラントの農場の見学会に参加した。そして、すすめられた本を片っ端から読み、数えきれないほどの動画を観た。「大学を卒業して以来の徹底的な学びなおしだったよ」とジョナサン。土壌への情熱が沸きあがり、農業はたちまち、〝諦め〟から〝喜び〟に戻った。ジョナサンにとって幸運だったのは、父親が一緒に自然資源保全局の研修に参加して、レイの話を聞いてくれたこと。父子の会話はもはや感情的ではなかった。父も〝別世界〟へ一緒に飛び込んでくれたのだ。

ふたりは耕耘機を売り、不耕起の播種機を購入。レイの話を聞いてわずか1か月後には、１８０万平米分の小麦を播いていた。そして、ネブラスカのリジェネラティブ農家と知り合い、カバークロップについて、そして家族経営のビジネスをどう成功させるかについて、助言を受けた。２０１２年夏、小麦に続けてカバークロップを播き、秋にはさらに区画を追加。次の年には牧場を復活させ、ニワトリも飼いはじめた。２０１４年、ふたりは新システムに合わせて、管理しやすいレベルに耕作面積を減らした。２０１５年にはブタと羊も取り入れて、放牧の牛肉と羊肉、さらに放し飼いの豚肉と鶏卵の直接販売を開始。並行して、家畜の放牧地として、多年草の草原をよみがえらせていった。もともと畑だった場所を放牧管理しながら転換していったのだ。

「よみがえらせるという言葉は正しくないかもしれない」とジョナサン。「この地域の草原は完全に消滅していたからね。いまはとにかく、土地で安定的に育つ極相種を植えて、自然に育つものを生かそうとしているんだ」

その間も、リジェネラティブ農業の実践によって、地中の有機物含有量は増え続けた。いまでは４パーセントを少し超えるところまで来ている。

決して簡単な変化ばかりではなかった。失敗もたくさんあった。頭のなかにはつねに「うまくいくと証明しなければ」という大きなプレッシャーがあったという。自分で挑戦を決めた以上、絶対に失敗できないという重みを感じていたのだ。「不覚にも、何がうまくいくことを示したいと思っているのか、自分でもわかっていなかった。まだまだ壊れた農業の枠組みの内側でしか考えられていなかったんだ」

「周囲に証明しなければ」というストレスはジョナサンを大いに苦しめた。近所の人たちもみな、ジョナサン一家の〝いい農場〟がおかしな農法でダメになると思っていた。つらすぎる日々のなか、なんとか持ちこたえられたのは、リジェネラティブ農業に取り組む仲間たちからの励ましがあったからだ。こうした励ましと、ホリスティックな土地管理に基づく意思決定を貫いたことによって、ジョナサン一家は、新たな枠組みでの目標の実現に目を向け続けることができたのだった。

## 祖父の農場を再生――ブライアン・ダウニング

ブライアンは、土が締まる「土壌圧密」の問題を抱えていた。

子どものころから農家になりたいと思っていたブライアン。祖父の畑をいじくり回し、育てた野菜を学校で売り、飼っていた牛の世話をする。大学では薬剤師になる勉強をしたけれど、すぐにその道には見切りをつけた。その後、畜産学を専攻し、ホルスタイン１８００頭の酪農場で働くこと9年。大規模食料生産の是非について多くを学んだ。

そして3年前、祖父の小さな農場が使えることになり、ブライアンはその土地を購入、晴れて農家となった――そして、はじめて問題に気づいたのだ。

場所は川べりの斜面で、土は粘土質。45年間慣行農法で耕され、過放牧が続いたことで、土は固く締まり、水分浸透は悪かった。その結果、作物は水不足。土壌は団粒構造に乏しいので、豪雨になるとすぐに洪水となった。さらに悪いことに、ノースカロライナの農地の多くは、タバコの単一栽培のせいで土地がやせ、リンが過剰に蓄積されている。従来型の方法では解決できないと思ったブライアンは、ユーチューブの動画で見た私に電話をかけてきた。

ちょうど近くで働いていたレイ・アーチュレッタも交えて、3人で低コストのプランを練り上げる。秋には「寒地型のイネ科作物」「寒地型の広葉作物」「アブラナ属」など5種類のカバークロップを植え、これを高密度放牧で2度牛たちに食べさせて、春には刈り取り、その場に緑肥として積み重ねた。結果は成功！　牛を組み入れたことで、いちばん大切な生態系の活性化がうながされただけでなく、牛たちも低コストで牧草にありつくことができた。限られた予算で生態系の回復をめざしたメリットは計り知れないものだった。ブライアンの選択は正しかったのだ。

次に取り組んだのは、ホリスティックな放牧の原則に従って、牛を耕作地に放牧し、多年草の成長をうながすこと。結果はほとんど瞬時に表れた。植えたカバークロップは順調に根づき、それまではびこっていた雑草を抑えてくれた。水分浸透速度は上がり、ミミズの大群が現れ、地表の作物残渣はどんどん分解されていった。

「よほど腹ペコなんだな」とブライアン。

土はやわらかく、多孔質になってきた。牛を放牧した区画の有機物含有量は、３年間で２パーセント上昇。化学肥料の使用量は50パーセント減らし、農薬や殺菌剤は完全にやめた。除草剤の使用は年１回にまで減った。

「正しいやり方をしていれば、雑草の心配もない」と彼は言う。「仮に雑草が生えても、心配はしない。雑草が生えるのは、自分の管理ミス。自然の原則から外れてしまったことを思い出させてくれているんだ」


このプランのおかげで、作物の量も種類も増えていった。以前はわずか20頭の牛しかいなかった16万平米の土地に、いまでは35頭の肉牛、３００羽のニワトリ、そしてブタがいて、うち３万～４万平米近くは野菜畑となっている。

「慣行農法ではこんなにいろいろ生産するのはムリだと思う」とブライアン。「多様化は生態系を助けるだけではない。リスク分散にもなるんだ」

ブライアンは、栄養価の高い肉や野菜をつくることを心がけていて、それが顧客にも高く評価されている。ある客は、ブライアンの農場の卵をはじめて購入したあと、すぐに「もっと買いたい。いままでの人生でこんな卵は食べたことがない」とショートメッセージを送ってきたそうだ。

こうしたすべてがブライアンの強い満足感につながっている。彼は「地球環境を回復したい」という思いにとりつかれているという。農場のまわりに新しい住宅地が造成されているなか、その思いはなおさら募る。リジェネラティブ農業ならこの目的を達成できると彼は感じている。単なる希望的観測ではない。彼はいま、郡内の全中学校で行われる教育プログラムの一環として、中学生たちに農業を教える仕事もしている。

「アインシュタインは、〝同じことばかり繰り返して違う結果を望んではならない〟と言った。いま、この先の未来を考えたら、どう考えても世界には〝違う結果〟が必要なんだよ」

## 夫婦での挑戦――デレク・アクステン

以前、郡の土壌保全委員会のメンバーだったころ、私は土壌改良に取り組む郡内の農家を訪ねる年一度の見学会を楽しみにしていた。数年前の見学会で、夕食の列に並んでいたとき、前に並んでいた男性ふたりが「土壌についてもっと知りたい」と話す声が耳に入ってきた。私はその会話に割って入り、自己紹介した。ふたりは翌日ダコタレイクス研究農場のドウェイン・

ベック博士を訪問予定で、そのついでにこちらの見学会にも参加してみたとのこと。私はふたりと夕食を共にし、帰りにうちの農場にも立ち寄るよう誘った。そのうちのひとりがデレク・アクステンだった。

デレクと妻のタニス、ふたりの子どもたちは、カナダのサスカチュワン州で農場を営んでいる。２０００万平米を超す穀物畑の年間降水量はわずか３００ミリ台。一帯ではすでに不耕起は一般的だったが、土の健康という概念はなかったので、大量の化学肥料や農薬や殺菌剤を使用していた。デレクがこの見学会に参加したのは、こんな高コストと薄利ではやっていけないと感じたから。見学会で見たすべてが心に響き、家に戻って妻に説明すると、彼女も大賛成してくれたという。タニスは生物の教師で、微生物の重要性をよくわかっていたのだ。

そのあとの展開は、本人たちの述懐するとおり、見事なものだった。

まずは土壌の働きと微生物の重要性について徹底的に学んだ。名だたる土壌研究者が教える講座にも通った。ふたりは勉強に時間とお金を投資する重要性を実感した。タニスはいま、農地の土壌生物のモニタリングや堆肥化を担当している。菌根菌にはとくに注意を傾けていて、殺虫剤や種子消毒はすぐにやめた。

デレクはさまざまな作付けのパターンやカバークロップのブレンド、さらに違う作物を一緒に育てる「間作」の実験もはじめた。

これらさまざまな変化は最終的に何をもたらしたか？　デレクは言う。コストは著しく下がり、面積あたりの収益性は向上した。「それに、農業が楽しくなって、子どもと過ごす時間も増えたよ」

おまけに、２０１７年、夫妻は州の若手農家賞を受賞。土の健康に目を向けることの重要性をこれほどたしかに示す証拠はないだろう。

## 乾燥地域の父子の取り組み――ジョー＆ライアン・ブルースキー

リジェネラティブ農業は乾燥地域ではできないと考えている人がいたら、ブルースキー父子の話を聞きに行くべきだ。父親のジョーは生まれてこのかた、モンタナ州南東部の砂だらけのステップ気候で農業をしてきた。常時干ばつが迫っているような環境のなか、麦などの穀物を育て、牛を飼うことで生計を立ててきた。アメリカ広しと言えども、これほど雨が少ない地域はほとんどない。

息子のライアンは親元を離れて進学し、ノースダコタ州ビスマークのコミュニティカレッジで農業や牧畜を学ぶ。そこでの講師陣のひとりがうちの息子ポールだった。ポールは授業の一環で学生たちをうちの農場に連れてきて、土や植物や動物の様子を自分たちの目でたしかめさせた。ライアンはとくに土の健康の勉強に興味を抱いた。その意欲的な様子に気づいたポールは、「放課後にうちの農場で働いてみないか?」と提案。ライアンは、授業で知った土の原則について、さらに学びを深めることができた。

ライアンは働き者で、把握力の高い学生だった。すぐに土の健康の5原則を覚え、父親のジョーにそのことを話すと、父親もちゃんとその話に耳を傾け、農場で実行に移すチャンスを息子に与えた。

ジョーは1400万平米分の化学肥料に毎年10万ドル以上を注ぎ込んでいた。作物の売り値は安く、もうこのままではやっていけないと感じていた。コストに見合う収益が出る見込みがまったくなかったのだ。

もうひとつの問題は、過去数十年にわたって、作付けの品目に多様性が不足していたことだ。そのうえ、区画の大部分は干し草として刈り取ってしまうので、植物が土に戻ることもない。ライアンの弁を借りれば、「もともと砂っぽい土を砂漠に変えていたようなもの」。もっと農地を多様にし、植物を土に戻し、液体炭素を確保して土壌生物の食料をつくり出す必要があった。

それを見据え、冬の放牧用にカバークロップの多種ブレンドを播く。長らく、夏に干し草をつくり、冬にそれを牛に与えるのが習慣となっていたので、冬のあいだ、たとえ部分的にでも牛に食べさせられるカバークロップが生えているのは、大きなプラスの変化だった。これによって多様性も増し、適切な放牧管理をすれば地表には草の覆いも残る。これはステップ気候の土地では非常に重要なことだった。

新しい放牧管理はコストの節約につながっただけでなく、生活の質の向上にもつながった。自由時間が増えたのだ。それで、さらにカバークロップを植える面積を増やすことにした。結果はほどなく表れた。乾燥状態にもかかわらず、有機物含有量が向上。当初1・7パーセントだったところから、毎年0・1パーセントの上昇という、砂地としてはかなりの上昇幅が見られたのだ。牛の数も増やした。冬に放牧できる草があることで、飼料のコストも劇的に下がり、同時にそれが土の健康を向上させた。

いま、ブルースキー農場では、春に不耕起の播種機を出してきて、雪が舞うころまで片づけない。春先はエンドウマメやオーツ麦などの寒地型カバークロップを播く。夏はスーダン型ソルガム、雑穀、ササゲなど暖地型の品種やアブラナ属を播く。雨が降るたびに追加のカバークロップを播き、年間通してなるべく長いあいだ、地中に生きた根を確保する。ときに雨が不足し、作物が十分に成長しないこともあるけれど、ライアンの口ぐせは「これは失敗ではない」。放牧できるほどの草丈に達していなくても、草は土壌生物に栄養を与え、土を風食や水分蒸発から守るという価値あるサービスを提供してくれる。秋には、ライ小麦や飼料用の冬小麦、ヘアリーベッチなどの二年草を播く。おかげで雪の水分が活用でき、しかも、夏の暑さが到来する前には成長が終わる。

土の健康状態とともに、異常気象への耐性も向上した。これがはっきり示されたのが、２０１７年の長期にわたる干ばつ。近隣の農家のほとんどが少量の春小麦しか収穫できなかったなか、ブルースキー父子の秋播きの冬ライ小麦は驚異の収量を記録した。土の健康に目を向けた努力の証しだった。近隣の農家もさすがに気づいたほどだ。

「５原則を守ることで、うちの農場は干ばつにもずっと強くなった」とライアン。「この地域では、干ばつは〝来るかどうか〟ではなく、〝いつ来るか〟だからね」

多年草の牧草地にも改善が見られた。カバークロップを食べさせることで、牧草地が回復する時間がより長く確保でき、結果として、より干ばつに強い健康な草が育つようになったのだ。自生の品種が質量ともに息を吹き返してきたのも偶然ではない。

ライアンは植物だけでなく、家畜の多様性も増やした。牛を４００頭から８００頭に増やし、若牛の飼育もスタート。上質な放牧の豚肉の生産者としての評価も確立した。ニワトリやヤギを飼いはじめたことで、多様性はよりいっそう向上。これらすべてが新たな収入源を生み出し、それによって、資金繰りや安定性も増した。

でも、ブルースキー父子にとって、リジェネラティブ農業への転換のいちばん大きなメリットは、どうやら生活の質があがったことだったようだ。

「農業がまた楽しくなったよ」と父親のジョー。「いまではしたいことをする時間がある。孫と過ごす時間もたっぷりさ」

## 切り開いた道——ゲイル・フラー

ゲイル・フラーは第32代大統領フランクリン・ルーズベルトの言葉を信奉している——「国土を破壊する国は、みずからを破壊する」。そんなゲイルのいちばんのイライラは土壌流出。このやっかいな問題に立ち向かうべく、彼は80年代に一度不耕起を試した。でも、うまくいかず、ふたたび土地を耕すように。そのときに1か所、4万平米分だけ不耕起のままにしておいたところ、90年代初頭、その不耕起の区画は収量が下がらず、なぜか土壌流出も起こらない。ゲイルは不耕起をやめたことを再考しなければと思うようになった。

１９９３年、春の洪水が農場を襲った。水が引くと、ゲイルは愕然とした。洪水の直前に耕しておいた場所の土が20センチ分もえぐれてしまったのだ。ちょうど耕し終わった境界線のところで、地面がガクッと下がっていた。これを見たゲイルは、それ以上耕耘機を動かす気になれなかった。

90年代初頭の中西部カンザスでは、不耕起はいくぶん一般的になりつつあったものの、少なくともゲイルにとっては、すぐにコツがつかめるという種類のものではなかった。２００２年には、ゲイルはふたたび不耕起に見切りをつけようと考えていた。土壌流出は止まらず、まともな収量の確保にも四苦八苦する日々。そんななか、彼は友人のアドバイスを受けて、うまくいくはずがないと思いつつも、収穫の終わった区画を休ませずに小麦を秋播きしてみた。そして、小麦が炭素の循環をうながして……目からうろこが落ちた瞬間だった。ゲイルは突如、不耕起が〝ひとつの要素〟にすぎなかったことを理解した。それは大きなパズルのひとつのピースだったのだ。いままでのやり方（トウモロコシと大豆だけ育てて、トウモロコシは飼料として刈り取ってしまう）では、炭素の欠乏が生じていた。カバークロップは90年代の終わりにも育てていたけれど、当時はまだその重要性を理解していなかったので、２０００年に干ばつが襲って資金繰りが厳しくなったとき、真っ先にカットしてしまったのだ。

この日以降、ゲイルの主眼は「地中にどれだけ多くの炭素を送り込めるか？」に変わった。彼は農場にカバークロップを呼び戻した。そして牛も呼び戻した（牛たちは、最初に不耕起を試したときに追い出されていた。だれかから「不耕起にするなら家畜もやめないと」と言われたのだ）。小麦はゲイルの農場でいちばん収益の多い作物だったけれど、２００７年、彼は2月の終わりにオーツ麦とエンドウマメのカバークロップ・ブレンドを試してみた。これを飼料用に刈り取って（悪習は容易には消えない）、その場に次のトウモロコシを播いた（この地方では通常の播種日より6週間遅いタイミングだった）。また、窒素肥料の使用を通常の半量を超える程度に抑えた。そのトウモロコシが驚くほどの収量を上げたとき、ゲイルは手がかりがつかめたのを感じた。次の年も同じパターンで育て、その後7年間にわたってトウモロコシは高い収量を記録し続けた。

２０１０年、農場の一般公開の日に、ネブラスカ大学からポール・ジャサがやってきて、ゲイルの農地の土を使って降雨シミュレーターのテストをした。結果は見事とは言いがたいものだった。「作物の残渣はどこにやっているんだ？」とポール。この日を最後に、ゲイルはカバークロップを刈り取るのをやめた。代わりに、カバークロップはすべて牛に食ませるか、土壌生物のためにそのまま放置した。

ゲイルの農場の劇的な変化は地元で注目の的となったが、近隣の農家の多くは懐疑的だった。2月になると、何を植えているのかとみんなが質問する。ゲイルが「土壌生物のためにオーツ麦とエンドウマメを播いている」と言っても、話は通じない。成果が出はじめても、だれもあとに続こうとしなかった。彼はつねづね言っている――「農業では〝周囲の圧力〟がリジェネラティブ農業への転向の最大のハードルとなっている」。果たして、彼はどのようにこの周囲の圧力に対処したのだろう？

２００５年、彼は雑誌で、自分と同じようにおかしなことをしている農家の記事を読んだ。そう、私のことだ。その冬、カンザスの会議で講演したとき、ゲイルはその最前列に陣取った。「どこへ行くにもくっついていったよ。情報に飢えていたからね」。ここからゲイルの農業を学びなおす道がはじまった。ひとつ学ぶごとに全体像がほんの少しずつはっきりと見えてきた。

農地の土が回復しはじめると、作物の様子もより健康的になってきた。これが全体像のなかで何を意味するのか、ゲイルは会議に参加して、ほかの参加者たちと話し合った。作物の様子がより健康的になれば、そして土壌がより健康になれば、おそらくは栄養価も高まっているのでは？　これはゲイルにとって新鮮な視点で、気持ちがかき立てられた。

ガールフレンドのリネットは独自にリサーチを進めていた。彼女の問題意識は、アメリカ国内の健康危機。味気ない市販の卵を食べるのにもうんざりしていた。ほどなくして、農場にはリネットのニワトリが闊歩《かっぽ》。次は羊。ゲイルもうなずくしかなかった。

ゲイルが土の健康や栄養素密度に深入りしはじめたころ、リネットは人間の健康に深入りしていた。ゲイルは除草剤の専門家ドン・フーバー博士の研究を追いはじめていたが、博士がグリホサート系除草剤の有害性について語る情報をすべてうのみにする気にはなれなかった。「まさかそこまでひどくはないだろう。もしそうなら認可されていないはずでは？」。しかし、ある夜、フーバー博士の1年ほど前のラジオインタビューを聞き返していたときのこと。これを聞くのはもう3度目。博士が何かとても重要なことを言っている気がするのに、それが何なのか、どうしてもつかめずにいた。その瞬間、ゲイルはすさまじい衝撃に打たれた。「グリホサートは抗生物質だ！」――この気づきがゲイルの考えに火をつけた。抗生物質を土に（つまり食べ物に）散布し続けたら、土にも体にもいいはずがないではないか。

もうひとつの天啓がやってきたのは２０１２年、カンザス州の会議で昆虫学者のジョナサン・ラングレン博士に出会ったときだった。ゲイルはたちまち虫たちが果たす役割の重要性を理解した。自分の農地だけの話ではない。地球全体の話だ。土と虫と微生物の関係がより深く理解できるにつれ、ゲイルは生態系の全体性に目が向くようになった。農業のすべての決断は、生態系の全体性を視野に入れたなかで下されるべきなのだ。目の前の決断は生態系にとって、短期的に、また長期的に、どのような影響を及ぼすのか？「農地の生態系は、そのなかに生きているあらゆる種のつながりの上にある——ただ一種類を除いては」。ゲイルは気づいた。「その一種類が私たち人間なのだ。生態系のなかに生きることを学ばなければ、自分たちこそが危機に瀕《ひん》することになる」

いま、ゲイルとリネットは、農地の傷ついた生態系を回復しようと懸命に歩んでいる。そして、人々の傷ついた健康を回復するためにもできることをしようとしている。子どもたちの平均余命が減少しているという事実が肩にのしかかる。そして、自分たちの目のあるかぎり、これ以上の土の劣化と健康の劣化を引き起こしてなるものかと考えている。

「どんな問題も、答えは土に行き着くのさ」

# 第10章 収量よりも収益を

長いあいだ、従来型の生産モデルで農業を続けてきた。作物なら収量を追い、牛なら体重を追う。どこを向いても、〝量を増やせ〟というメッセージがこだましてきた。雑誌、新聞、ラジオ、大学、農業相談、関係機関――あらゆる場所のあらゆる人が、〝世界の食料を増やせ〟と声を合わせていた。遺伝子組み換え、品種改良、葉面施肥〔速効性のある液肥などを葉面に散布する〕、種子消毒、巨大化する農業機械。これを書いている瞬間も、隣の農家が巨大なコンバインを3台、グレインカートを2台、トレーラートラックを4台、農場に乗り入れているのが見える。義父母は35年間農業を続けて、持っていた農業機械はせいぜい一軸トラック2台。時代はなんと変わったことだ

ろう。

家畜も同じだ。期待後代差（ＥＰＤ）、ゲノム解析、最新の抗生物質入り混合飼料――どれもこれもが生産量をどんどん増やす仕組みとなっている。私自身も、以前近所の農家の人間をわざわざうちの牛舎まで連れてきて、離乳時に４００キロを超えた雄の子牛を披露したことがある。とんでもなく誇らしい気分だった。

こうして20年以上〝量〟を追い続けた。そして、破滅的な数年間を経て、自問するようになったのだ。あの4年間の干ばつと雹はあまりに厳しいハードルだったけれど、やはり自分の人生に起きた最良の出来事に違いなかった。あの逆境が、私に無理やり物の見方を変えさせたのだ。時を経て、私は次第に、なぜ自分が〝もっともっと〟の合言葉を追い続けているのだろうと疑問を抱くようになった。自分はもしや環境を犠牲にして、目先の利益を追い求めているのだろうか？

２０１０年のある日のこと。私は息子のポールに向かって、うちのトウモロコシの収量が（それなりにいい数字であるにもかかわらず）近隣の一部の農家ほど多くないことを嘆いていた。そんな私を見て、ポールは言った。「父さんはうちの環境を超える収量をめざそうとしているんじゃない？」。ズドン！　これは猛烈な打撃だった。本当にそのとおりだった。自然は収量なんて気にしない。自然が気にするのは「持ちこたえられるかどうか」。自然はただサステイナブルでありたいのだ。果たして自分は、農業をあと1年続けたいのか？　それとも何十年も続けたいのか？　収量ばかり気にするメンタリティはいよいよ手放すべきだと思った。

## 自然に反する農業

量を追い続ける生産モデルのせいで、アメリカの農地は嘆かわしい変化を遂げている。うちの農場を例にとってみよう。過去の記録から、１４０年前、ノースダコタのこの一帯は、寒地型や暖地型の多様な植物に覆われていたことがわかる。この草原にヨーロッパからの入植者たちがやってきて、鋤を持ち込んだ。多様な草原はあっという間に耕されてむき出しに。第７章で書いたとおり、耕すことで土の団粒構造は砕け、つぶれ、粉々になってしまう。

土はその後延々と耕し続けられ、同時に単一栽培の穀物生産が広まった。単一栽培というだけにとどまらず、栽培される作物の品種もどんどん少なくなっていった。かつて１００種類以上の品種が育っていた場所に、いまはわずか数種類が育つのみ。一般的に、現在私たちが口にしている植物由来の食料のおよそ90パーセントは、わずか15パーセントの作物からつくられているという。初期の入植者たちはいまの人間よりもはるかに多様な食生活を送っていたのだ。

店に並ぶ農産物も、品種の多様性が大幅に減っている。20世紀の１００年間に、ゆうに90パーセントを超える野菜の品種が失われた。１９００年、アメリカには５５０種類近いキャベツがあったのだ。いまでは市場に出回っているのはたった28種類。ビーツは２８８種類から17種類に。カリフラワーは１５０種類以上あったのがわずか9種類に。トウモロコシは？　口にするのも憚《はばか》られるが、20世紀初頭に存在した品種の96パーセント以上がすでに失われたという。

土壌科学者ウェンディ・タヘリ博士の最近の発見によると、品種改良された新しい穀物の多くは、菌根菌と共生関係を築く力を持たないらしい。つまり、これらの品種は菌根菌がもたらす恩恵をまったく生かせない。種苗業者たちは収量などの特性ばかりを追い求め、その過程で「菌根菌と関係を築く」といった特性が失われることには気づきもしなかったのだ。これは別段驚くべきことではない。種苗業者は、殺菌した土のなかで新しい品種を開発し、繁殖させる。根は一度も菌根菌に触れないので、菌根菌とやりとりする力が育っていなくても、だれも気づかない。これらの品種は一生人工栄養素に頼り続けるのだ。

生物多様性の喪失は、養分循環の減少を招いた。そして、それは化学肥料の増加を意味した。それによって、今度は雑草が増加した（ほとんどの雑草は窒素分を多く求める）。雑草の増加は、除草剤の増加を招く。

今日使われる除草剤の多くは「キレート剤」だ。キレート剤は金属イオンと結合する。亜鉛、マンガン、マグネシウム、鉄、銅などの金属だ。これはいったいどういう結果につながるのだろう？　じつは、これらは作物が病気を撃退するために必要とする栄養素と同じ物質なのだ。これらの栄養素が不足すれば、病気の発生が増える。病気が増えると、殺菌剤の使用が増える。殺菌剤は、土壌の生態系や花粉を運ぶ虫たちに害を及ぼす。そう、花粉を運ぶ虫たちに！最近の研究によると、かつてミツバチなどに何の害も与えないと思われていた殺菌剤が、じつは悪影響を及ぼすことがわかってきた。科学者や企業のトップたちは、これらの薬剤がいままで認識されていたよりもずっと大きな害を持つことを認めるべきだろう。農家はよりよい方法を学ぶ必要があるし、消費者はこのような殺菌剤の使用の廃止を求めていくべきだ。

栄養不足によって、作物は害虫の影響も受けやすくなる。害虫の脅威が増せば、農薬の使用が増える。そしてもちろん、大部分の農薬は、害虫にだけ効くのではない。数々の益虫も同時に殺される。そのなかには、作物の受粉に必要なミツバチたちもふくまれる。慣行農法で育てられている果物や野菜は、そのほぼすべてに大量の殺虫剤が散布されている。生態系が機能不全を起こしていたとしても、なんの不思議があるだろう？

家畜について言えば、1頭あたりの体重をどんどん増やそうとしたことで、牛は牛舎で飼われるようになった。乳牛も肉牛も、牧草地から引き離されてしまった。かつては牧草地で草を食むことで炭素を循環し、生態系に有益な作用をもたらしていたのに、いまでは牛舎に閉じ込められて育つ。知ったかぶりのお偉方たちによって、日々の食事も飼い葉からデンプン質の穀物に換えられてしまい、牛たちの健康と寿命は損なわれている。いまや、牛舎で体重を増やすシステムで育てられている乳牛のほとんどは、寿命が４年以下というありさまだ。そして、こうしたシステムからつくられる牛乳やチーズ、その他の乳製品は栄養価が著しく低下し、それが人間の健康にも悪影響を及ぼすことになる。

　肉牛に与えられるデンプン質の飼料も牛の健康を損ない、もちろん牛肉の栄養価も下がる。オメガ３脂肪酸を例にとってみよう。研究によると、オメガ３に比してオメガ６の割合が少ない食べ物の方が人間の健康にはよい。そして、放牧の牛肉はこの割合が少なく、逆に穀物を与えられた牛肉はその割合がずっと多い。

　ブタも、ニワトリも、七面鳥も、「その方が安心だ」という言い分のもと、建物のなかに入れられてしまった。動物たちは本当にそれでいいのか？　１９８３年、シェリーの両親の農場に来たばかりのころ、私は近所の養鶏場でアルバイトをした。仕事のひとつは、ケージから死んだニワトリを出すこと。毎朝６時、カートの上に正座し、ケージの列に沿って移動するところから１日ははじまる。ケージには２０００羽以上のニワトリがいて、その下には何トンもの糞。90センチ×90センチのケージに9羽のニワトリが詰め込まれていて、ろくに向きを変えることもできず、外の世界を見ることも感じることもなく一生を送っている。「いったいどんな気持ちだろう」と思った。葉っぱを引っかき回したり、バッタをつかまえたりすることもできない一生。彼らはニワトリとして生きられないのだ。あのとき自分は「絶対にニワトリだけは飼うものか」と誓った――少なくともケージ飼いだけは。

これは全部農家のせいだろうか？　もちろん全部ということはない。でも、私たち農家はその責めの正当な一部を負うべきだと思う。そして、一般市民もまた、「こんな事態を許してしまった」という責めの一部を負うべきだろう。消費者はその購買力を通して、環境の劣化や動物虐待、人間の健康状態の悪化などの問題を無視することを選び、「このシステムがいい」という選択をしてしまっているのだ。

こうした生産モデルがさらにどんな帰結をもたらしたか、考えてみてほしい。生産者の利幅がどんどんギリギリになってきた。利幅が少ないと、生産者はもっともっと農地を増やさなければやりくりできない。すると農場のサイズが巨大化し、農場の総数は減り、より少ない人間で土地を管理する形となる。言い換えれば、この生産モデルはアメリカのたくさんの町や村の崩壊につながったとも言える。

長年の友人で、アイオワ州でリジェネラティブ農場を営んでいるポール・アックリーは、現在の生産モデルがもたらした変化について、次のように綴っている。

１９４９年以降の思い出と記録――いま私がコンピュータに向かっている場所の北側には、１・６キロの道沿いに４つの農場があって、その端には校舎があった。南側８００メートルほどのところにも小学校と幼稚園があって、私はそこで１９５０年の秋、４人の同級生とともに幼稚園児となった。その先８００メートルほどのところには別の農場があった。小作農家も、自作農家ほどではないにせよ、土地に結びつきを持っていた。そして、だれが思いついたとも知れないが、水びたしの湿地帯に大規模な暗渠排水を敷くことになって、でもほとんどの人間はその費用を負担し続けられるとは思えず、50年代のなかごろから60年代のなかごろにかけては、毎年冬から早春になると、地元の週刊新聞に必ず農場の売却の記事が載った。50年代には、石灰の施用とアルファルファの栽培に補助が出ていた。これが60年代になると一変。窒素、リン、カリウムの化学肥料が簡単に手に入るようになり、トウモロコシ用のアトラジン、大豆用のクロランベンなどの除草剤も導入された。採算のとれなくなった農地は、郡外や州外の投資家たちによる買い取りがはじまり、

> 湿地は全面排水が敷かれ、木は切り倒され、整然とした耕作地として畝《うね》ごとに貸し出されていった。その賃料や、地価の上昇による利益がさらに変化を加速させた。そしてある日。近くの土地で24本分の畝を借りて耕す男の姿を眺めながら、かつて白人が出現したときにアメリカ先住民が抱いたであろう思いを肌で感じた。土地の倫理観など、どこかの棚の上で埃をかぶってしまっている。変化（＝技術）はあまりに早く、また、強い力（＝収益）を伴っていて、人類が知性をもって対処できるレベルを超えていたのだ。

見事な指摘だと言わざるをえない。

## 補助金の問題

アメリカ政府の農業保険は、１９３８年2月16日に制度化された。政府の制度のつねで、せっかくの善《よ》き意図はしばしば残念な結果に終わる。リスクの軽減のためにつくられた制度が、いまやアメリカの作付け計画のほとんどを決定づけるモンスターのような存在と化してしまった。私に言わせれば、この制度は農作物の価格をその後何十年も低く抑えてしまう役割も果たした。

今日のアメリカでは、農家の作付けの判断はほぼ完全に「農業保険でどのくらいの額が補償されるか」に左右されている気がする。農家はみな、農業保険で面積あたりいくらのお金が受け取れるかを正確に把握している。経費をその額以下に抑えれば、確実に利益が出るわけだ。こんな補償を受けているビジネスがほかにあるだろうか？　町の小さな食堂が受けていないことだけはたしかだ。

　また補助金は、農薬や肥料の値段を押し上げてしまう。業者はみな、農家が保険の補償を受けられることを知っているのだ。そして、みずからの健全な利益確保のために、農家が確実に支払えると思われる金額を請求する。かくして、化学肥料、除草剤、農薬、殺菌剤、農業機器、その他もろもろ、すべての値段が上がり続ける。

　このように、保険で補償される金額はたちまち業者に食いつぶされてしまう。利幅がどんどん狭くなるので、生産者はよりいっそう、公的な補助への依存を深める。うちの農場も長年こうした公的補助を利用していた。はじめのころはあまり深く考えていなかった。でも、全体を俯瞰《ふかん》して捉えるようになり、こうした補助を利用することの派生的な意味が見えてくると、補助を受けることに対して、本気で疑念を抱くようになった。

　考えれば考えるほど、こうした給付金は単なる福祉サービスのように思えてきた。そして、私は福祉サービスなど求めた覚えはないのだ！　シェリー、ポール、私は、今後いっさいの農業関係の給付金を受けないことに決めた。農業保険の補助も、何もかも、ひとつ残らず。

　この決断はものすごい解放感だった。もう二度と役所に出向いて書類に記入せずにすむ。なにより、これからは作付けも、農場の管理も、自分と自分の家族にとっていちばん望ましい形に自由に決めることができる。これ以上、だれかほかの人間が勝手に考えたことに決断をしばられずにすむ。くれぐれも誤解しないでほしい。なかには必要な公的補助もある。とくに、これからリジェネラティブ農業をはじめようとする若い生産者向けの補助は有効だろう。ただ、貴重な税金を無反省に農業の補助に充てるのは（それを言うならどんなビジネスでも同じだけれど）根本的に間違っていると思う。


　それを如実に示す例が、２０１７年、ここノースダコタの夏の出来事だ。春に例年どおりの雨が降らず、暑さが続いた。6月のはじめ、気温が数日連続で38度を超え、その2日後には氷点下に。この組み合わせで牧草は大打撃を受けた。みんな牛に食べさせる草を求めて奔走し、何百キロも移動したあげくに放牧できる場所を見つけたり、干し草を買い求めたり。何千頭もの牛が売り払われた。非常事態宣言が発動され、政府は臨時給付金をばらまきはじめた。

　生産者たちはみな臨時給付金に申請するよう、うながされた。うちにも声がかかったけれど、私は言った。「いったいなぜ？」。うちの農場は計画放牧のおかげで、ほとんど影響が出なかったのだ。状況に合わせて放牧を戦略的に調整したし、牧草地には根がしっかり広がって、たっぷりの草が土を覆っていたことが奏功した。健全な生態系をつくり出すことに力を注いだ年月が実を結んだのだ。牧草地が雨や気温の一時的な変動に耐えられる状態になっていたのだった。

役所に足を運んで、書類にサインすれば、何万ドルものお金をもらえるはずだった。でも、そんなことは道義的にも倫理的にもできなかった。だって、うちの農場は大きな被害を受けなかったのだ。制度上可能だからといって、市民の貴重な税金を巻き上げるような真似はできない。

このノースダコタでの一件は、〝天災〟という以上に、間違った農場管理によって引き起こされた〝人災〟であったように思う。もし、長年の農業システムのせいで土壌の有機物含有量がこんなにも落ち込んでいなければ、農場も牧場も、雨が降らない状況下をもっとやりすごせたはずなのだ。

役所はよかれと思っているけれど、生産者に生態系の働きについて教える方が、お金と時間の使い道としてはずっといい。彼らは補助金制度の管理ばかりしていないで、いちばん必要とされているはずの専門的知見こそを提供すべきだ。あんなむだな補助金をやめれば、政府の債務危機もどれほど回避されることだろう。役所にはすばらしい教育を行える人材がたくさんいて、彼らが農家を教育すれば、はるかに大きな効果を生み出せる。その方が、結局は農家にとっても、補助金よりもずっと大きな経済的恩恵となって返ってくるだろう。役所の職員たちは、その時間と才能を、補助金制度の管理ではなく、生産者の教育にこそ費やすべきなのだ。

## 根本的な問題に目を向ける

今日の農業は、大きな問題に絆創膏を貼るような対症療法に終始している。たとえば水質の問題。アメリカ中西部の農業地帯の大部分では、暗渠排水の敷設が一般的だ。とてつもない量の時間と、お金と、資源が、生産者が〝過剰水〟と見なした水の管理のためにつぎ込まれている。でも、最初に投げかけるべき問いはこれだ――いったいなぜ土地に〝過剰水〟があるのか？　それは土がやせているからではないのか？　そのせいで、水が土地に浸透しないのでは？　そして、多様なカバークロップを植えていないために作付け回数が少なく、1年の3分の1以上もの期間、水を吸い取ってくれるはずの生きた根が不足しているせいではないのか？

〝過剰水〟が暗渠排水を通って水域に出たあとに何が起こるのかも想像してほしい。おそらく、その水はかなりの養分や農薬の残渣をふくんでいる。とすれば、下流の水質に影響が出るのでは？　魚や野生動物、そして人間にはどんな作用があるのか？　私たち生産者は、農地のアクションのひとつひとつが、すべて複合的で雪だるま式の作用を及ぼすことを認識する必要がある。まさか子どもや孫たちの健康に悪い影響を及ぼしてはいないだろうか?

　統計を見ると、アメリカ人は、注意欠陥障害、アルツハイマー病、がん、骨粗しょう症、肥満、自己免疫疾患などの慢性疾患の発生率で世界トップ（またはトップ近く）に位置している。でも、仮に食生活を正した場合でも、今日の農業がもたらしている問題の影響から逃れることはできない。作家でジャーナリストのマイケル・ポーランが『雑食動物のジレンマ』のなかで述べているように、今日私たちが食べているもののほとんどは、もはや食べ物ではない。〝食べ物もどきの可食物質〟なのだ。

　その意味では、〝食べ物で体がつくられる〟どころか、〝食べ物で体がつくられない〟時代。いまでは、スーパーマーケットで売られている食品の多くは、タンパク質、ビタミン、ミネラル、植物二次代謝産物などの必須栄養素が悲しいほど不足し、バランスを欠いている。そして、口に入れる食べ物が栄養不足なら、もちろん私たちの体だって栄養不足となる。

　研究によると、ここ数十年で、野菜にふくまれるミネラルは確実に減少している。銅（24〜75パーセント減）、カルシウム（46パーセント減）、鉄（27〜50パーセント減）、マグネシウム（10〜24パーセント減）、カリウム（16パーセント減）。ジャガイモは過去50年に銅と鉄分が50パーセント減り、ニンジンはマグネシウムが75パーセント減った。そのほかの栄養素――タンパク質、リボフラビン（ビタミン$B_2$）、ビタミンCなど――も顕著な減少傾向を示している。

　別の研究によると、祖父母世代が若いころにオレンジ1個から得た量のビタミンを、いまではオレンジを8個食べなければ摂取できない。肉も同じで、2世代前と同じレベルの栄養素を確保するには、牛肉も、鶏肉も、豚肉も、2倍近い量を食べる必要がある。栄養価の低下のはじまりは、1万年前、農業の起源にまで遡ることができる。歴史上最初の農夫たちが、初期の作物を品種改良して、野生の原種よりも甘く噛みやすいものをつくったとき、知らず知らずのうちに必須栄養素を減らしてしまったのだ。近代の工業化された農業はこのプロセスを劇的に早めてきた。

　栄養不足はいまや世界的な危機となっている。世界の人口の3分の1から半分が、必須ミネラルが慢性的に不足していると見られる。たとえば、適量の鉄の摂取は貧血の防止に不可欠であるにもかかわらず、世界中で10億人以上が微量鉄の欠乏に悩まされている。すでに指摘したように、世界中のほぼすべての農地が劣化状態にあり、土壌栄養素が減少している。アフリカでは４０００万人が、かつては肥沃だったのに、いまではほぼ生産力がないレベルまでやせてしまった土地でなんとか生活しているとされる。２００６年、国連は新たに「タイプB」という栄養不良の区分を設定した。これは「カロリーやタンパク質の摂取量は十分だが、必須ミネラルやその他の栄養素が不十分」という状態を指す。そして、これは主として先進国特有のパターンだという。もちろん、アメリカもそのひとつ。アメリカでは、食品業界が仕向けた高カロリーな食生活の影響で、大人の3分の2以上、そして子どもの3分の1近くが、太り気味または肥満となっている。トウモロコシ由来の果糖ブドウ糖液糖と大豆油という、工業型農業の2大産物にどっぷり浸かった食生活。私たちはいま、食べすぎかつ栄養不足という状態にあるのだ。

多くのアメリカ人が、日々十分な栄養素を摂取するのに苦労している。その理由は複雑で、消費者個人の食の選択の問題もあるし、現在の食料生産の帰結として、食べ物の選択肢が狭まったという部分もある。また、栄養価よりも、作物の外見、成長の速度、輸送のしやすさ、害虫への抵抗力、日持ちなどに重きを置く工業型農業によって、偏った作物ばかりが選ばれているという点もある。

これに加えて、除草剤、農薬、殺菌剤がほとんどの農地に散布されることで、菌類、線虫、原虫、藻、ダニ、小型節足動物など土壌のほとんどの生命体、さらにミミズ、アリ、その他の益虫などが劇的に減っているという状況もある。２０１６年、アメリカで栽培された大豆の94パーセントは遺伝子組み換えだった。さらに、トウモロコシの92パーセント、テンサイ（サトウダイコン）の95パーセント、キャノーラ（菜種）の87パーセントも同様だった。遺伝子組み換え作物を栽培することで、これらの薬剤が自然のなかにさらに多く注ぎ込まれることになる。

その多くは、最終的には私たちが吸う空気や、飲む水のなかにも入り込む。

アメリカ環境省の定義は明示的だ。農薬や除草剤をふくむ殺生物剤は、「人間や動物の健康にとって有害な、または天然もしくは人工の製品に損害を与えるような有機体の抑制に使われる防腐剤、殺虫剤、消毒剤、農薬など、さまざまなタイプの有毒な物質」と定義される。殺生物剤が、有害な有機体と有益な有機体を区別できるはずがない。双方を等しく効率的に殺してしまう。結果は、土壌の生命の崩壊だ。一度生態が破壊されたら、土壌はそれ以上植物に必要な栄養を供給できなくなる。そうなると、植物もまた、動物や人間に必要な栄養を供給できなくなってしまう。

日本の農哲学者・福岡正信は、『自然農法 わら一本の革命』（春秋社）のなかで正しくもこう綴っている。「食物と薬というのは二物でなく、表裏一体のものです。現在の野菜は、食物ではあっても薬にはならないが、改良されなかった昔のものは、食用にも薬にもなるというのが本来だったのです」

ミシェル・ペロ博士とヴィンサンヌ・アダムズ博士は、著書『何が子どもたちを病気にしているのか？（*What's Making Our Children Sick?*）』のなかで厳しい考えを突きつけている。「現在の食料システムの欺瞞《ぎまん》の証拠を探そうと思ったら、子どもたちに目を向けてみればいい。いまの子どもたちは、これまでの世代とは似ても似つかない慢性疾患を抱えている。親よりも病気が多く、親世代が子どもだったころより明らかに健康状態が悪い――農業も薬も進歩しているはずなのに。こうした臨床結果を見れば、私たちが間違った方向に進んでいるのは確実だ。そして、その間違った方向は、おそらくは子どもたちが生まれる少し前に起きはじめた食料生産の変化とともにはじまったと思われる」

いったいなぜ圧倒的大多数の生産者は、絆創膏を貼るだけのような現在の農業モデルを追い続けているのだろう?　私が思うに、これにはいくつかの理由がある。まずひとつ目は恐れ――よく知る安全策を手放すことへの恐れだ。私たちはすでに2世代にわたって、化学的な薬剤に頼らなかった農業から離れてしまっている。ほとんどの農家は、もはやそれ以外の経験も知識も持ち合わせていないのだ。ふたつ目の障壁は、新しい農法に移行しようとする際に、資金調達の道が限られることだ。ほとんどの金融機関はリジェネラティブ農業のことなど聞いたこともないので、実績や十分な担保が示せないかぎり、貸付には及び腰となる。だからこそ、まずは小さくスタートし、出た利益で成長をめざすことを強くすすめたい。

さらに、同業者からの圧力も、変化を妨げる大きな要因となる。ほとんどの生産者は「他人の考えなんかに左右されるものか」と思っているかもしれないが、それは真実ではない。体制に逆らおうとする者には図太さが必要だ。私だって、もう地元の家畜の競りに参加できるとは思えない。自分が踏み入ったら、みんな何も話せなくなって、場が凍りついてしまう。

最初に農法を変えはじめたころは、まだ「日々の食べ物に栄養を取り戻す」などという発想はなかった。でも、いまではこれこそが、農場で健康な土づくりをしてきた経験がいちばん生かせる部分ではないかと思うようになった。医療危機が広がり、医療費の高騰《こうとう》も見られるなか、病気の解決策を食べ物に見出す人々が増えている。リジェネラティブやオーガニックの作物に切り替え、買い物を通しての投票がはじまっている。口にどんな食べ物を入れるかによって、私たちの健康は回復もするし、害されもする。選ぶのは私たち自身だ。

## 見るべきは面積あたりの収益

「環境を超える収量をめざしている」というポールの言葉に戻ろう。本当に長いあいだ、私は「収量」や「重量」を追い続けていた。そして、「収益」に十分な注意を払っていなかった。見るべきは「面積あたりの収量」や「一頭あたりの重量」ではなく、「面積あたりの収益」だったのだ。そこにドン・キャンベルの言葉がこだました——「小さな変化を生み出したいなら、やり方を変えればいい。大きな変化を生み出したいなら、見方を変えなければ」。あの日以来、私は収量や重量ではなく、「面積あたりの収益」に目を向けるようになった。

　面積あたりの収益を上げるカギのひとつが〝いろいろやる〟こと。現在の農業モデルは細分化が主流だ。生産者の多くは、1～2種類の作物しか育てていない。または「乳牛だけ」「ブタだけ」など。これは1～2種類のものについては非常に効率がよいけれど、その効率性にはすさまじい代償がついてくる――値段の変動に左右されたり、あるいはものすごく低い商品価格に悩まされたり。さらに、多様性の欠如は生態系にとってもマイナスであることは言うまでもない。

　以前、ネブラスカでトウモロコシと大豆を育てている大勢の生産者たちに講演をしたときのこと。私は訊いた――「今年トウモロコシで収益が出せた人は？」。手を挙げたのはひとり。そう、たったひとり。次に訊いたのは、「来年もトウモロコシを育てる人は？」。今度は全員が手を挙げた。

　このエピソードは、今日の農業モデルのなかで、いかに生産者が凝《こ》り固まってしまっているかを示している。これらの生産者が収益をつくり出せる道があるとすれば、コストを下げるか、収量を増やすか、あるいはトウモロコシの産地に大規模な干ばつが来ることを願うくらいしかない（干ばつによって供給量が不足すれば、値段が上がる）。でも、近年、農薬や除草剤の値段が下がったことなどあっただろうか？　そんなことは起こりそうにない。収量の増加はありえるけれど、そのためにはどれだけ追加のコストがかかるだろう？　干ばつはいつだってありえるけれど、２０１２年のような大規模な干ばつにならなければ、値段はたいして変わらなそうだ。

　私たち生産者は、つねに「世界の食を支えるためにどんどん生産すべし」というメッセージを受け取っている。にもかかわらず、商品の値段の低さにずっと悩まされている。そろそろ目を覚まして、世界には食料不足など存在しないことに気づくべきだ。政治的、社会的な要因のせいで、食べ物は必要な人の手に届いていない。そして、生産された食べ物の栄養価の低下も深刻な問題となっている。でも、食料自体が不足しているわけではない。最近出されたいくつかの報告書によれば、２０１６年、世界の食料生産量は、１００億人が十分に食べられる量だったという。この本を書いている時点の世界の人口は78億人。食料不足による値段の高騰を待とうと思ったら、気が遠くなるほど待ち続ける羽目になるだろう。

　たくさんの生産者から「どうやって面積あたりの収益を増やしたのか？」と質問される。答えはやはり「多様性」――収入の多角化がカギだ。

　うちの農場ではすべてが「炭素」を中心に回っている。育てているのは、トウモロコシ、エンドウマメ、春小麦、オーツ麦、大麦、ライ麦、ヘアリーベッチ、冬ライ小麦といった一年草の作物と、無数の在来作物。穀類は専用のクリーナーに通し、雑草の種やもみ殻とともに、割れたものや欠けたものを取り除く。きれいになったら、種や飼料として、遺伝子組み換えでない飼料を求める人々に売る。一般的な商品として売ることはめったにない。つねに付加価値をつけるようにしている。

健全な利益を生み出すには、ある部門のごみを使って、別の部門の利益を増やせるとよい。うちの農場では、穀物をふるいにかけたあとのごみやくずをニワトリやブタに食べさせている。つまり、家畜を通して、ごみをお金に換えているわけだ。一石二鳥の仕組みと言える。

多様な作物を育てるのも、収益性を上げる方法のひとつ。ということで、うちの農場の比較的新しい試みとして、果物やナッツなど、一度植えたら毎年収穫できる「永年作物」を育てている。土地のかなりの部分は、放牧用の多年生の牧草地となっていて、第1部に書いたとおり、放牧の牛肉、羊肉、豚肉、鶏肉、卵などがそれぞれ収入源となっている。羊やニワトリのための番犬さえもが、子犬を育てて売ることができるので、収入源になる。牛と羊は、基本の数は一定に保っているけれど、販売用の肉牛や、委託で預かる牛の数は牧草の状態に応じて変動させる。また、カバークロップは家畜の食料になるだけでなく、養蜂業者が設置している巣箱のハチたちの食料にもなる。

過去5年間、うちの農場にはアメリカ全50州、カナダの全10州のほか、世界22か国から見学者が訪れている。農場の案内を頼まれれば、喜んで案内し、質問に答える。ただ、実際問題、おそろしい時間がかかる（2017年には2500人以上を受け入れた）。そこで、時間的な負担とほかの仕事とのバランスを考えて、参加費を支払ってもらうことにした。これがまたひとつ新たな収入源となっている。

このように、シェリー、ポール、私の3人で、多様な収入源をたっぷりつくり出しているため、うちの農場は、環境面ばかりでなく、経済面でも高い安定性を持つ。私はどんなときも、必ず収量ではなく収益を第一に考える。アメリカ中を旅して講演するなかで、「農業は金にならない」という話を繰り返し耳にする。でも、うちのストーリーを見れば、「枠にはまらずに考えれば、儲《もう》けはしっかり出る」ことがわかっていただけると思う。

うちの農場にはすでに17もの部門があるけれど、今後取り入れたいと思っているものがまだまだたくさんある。数ある候補をいくつか挙げると、ウサギ、七面鳥、ヤギ（おっと！　じつはもう数頭迎え入れたところだ）、移動販売、チーズづくり、石鹸《せっけん》づくり。

ほとんどすべての講演で、「それだけの仕事を回すのに、スタッフを何人抱えているのか？」と質問される。答えは、シェリー、私、ポール、ポールのガールフレンド。年に5〜6か月はインターンも数人受け入れている。第5章に書いたとおり、インターンとの関わりは本当に楽しいし、もちろん仕事の助けにもなるけれど、トレーニングにはそれなりの時間がかかる。なにしろ、彼らのほとんどはそもそも農作業の経験がゼロなのだから。

全体としては、「部門がたくさんあるからこんなに仕事が多い」と考えるよりも、むしろ「自然にまかせてしまうので、やる必要がない仕事がこんなに多い」という部分を考えてみてほしい。たとえば、うちでは、肥料や農薬や殺菌剤を運んで撒く必要がない。家畜にワクチンや殺虫剤噴霧を行う必要もない。地の果てまで走り回って、いちばんいい牛や羊やブタを選ぶ必要もない。雌牛や雌羊の妊娠チェックをする必要もない。冬のあいだ、毎日家畜にエサを運ぶために農機を立ち上げる必要もない。家畜小屋から糞を運び出して、耕作地に撒く時間も必要ない。いや、それを言うならそもそも家畜小屋を修理する時間だっていっさい必要ない。まだまだほかにもあるけれど、イメージはだいたい伝わっただろうか。

もうひとつ、よく訊かれる質問が「収益性を確保するにはどのくらいの面積が必要か？」。私は答える。問題は面積ではない。1エーカー以下の土地でも収益を生み出せている農場をたくさん見てきた。部門の多角化によって、収益性を確保できるチャンスは大きく広がる。やる気さえあれば、だれもが自分の土地で収益を生み出せるだろう。大切なのは、一般的な農業モデルの落とし穴にはまらないこと。生態系の再生を第一に考えること。そして、収量ではなく、収益を見ることだ。

おわりに

# 行動を起こす

この本は、「工業型の農業」から「自然に近い農業」へ、うちの農場がいかにして変身したかを伝えるために書いた。くれぐれも、「あなたの農場をどうするか」、あるいは「どうすべきでないか」を伝える本ではない。それを決められるのはあなただけだ。

私にとって、農業は30年以上にわたる挑戦だった。しかも、一度は学んだことをすべて捨てて、ふたたび学びなおすということまでした。この本に提示した基本的な考えが、明確な説得力をもってみなさんに伝わることを願っている。いちばん大切なのは、私たちひとりひとりが——プロの農家であれ、家庭菜園の愛好者であれ——自然の偉大な力を生かして、栄養たっぷりの食べ物をつくり出すこと。しかも、そのなかで自然を再生し、子どもや孫たちが健康に暮らせる未来を守ること。私の挑戦は、本書に示した5つの原則〔序文のとおり、現在は第6の原則が追加されている〕の実践とともにあり、なおかつ、次のような個人的な原則とともに進む道のりでもあった。

## 1．神を信じる

あの破滅的な4年間、シェリーと私はありえないほど無一文だった。よく人に言うのだけれど、ほとんど破産寸前で、トイレットペーパーの購入履歴さえ銀行に把握されていたほどだ。でも、支え合う相手がいて、神への信頼があった。聖書の「箴言《しんげん》」（3章5節-6節）にこんな言葉がある。「心のかぎり、神を信じよ。そして、自分自身の考えによりかかるな。一歩ごとに神を思え。そうすれば、神は道をまっすぐに整えてくださるだろう」

神がどんなつもりなのかはわからなかったけれど、何かつもりがあることはわかった。リジェネラティブの道を進むなかで、神への信頼はきわめて重要な存在だ。5つの原則を実践すれば、土壌の生態系が必ずよくなると信じられるか？　養分の循環が、エネルギーの循環が、そして水の循環がよくなると信じられるか？　神は不完全なシステムなどつくらないのだから、心配はいらない。なにしろ自然は何十億年ものあいだ、つねにリジェネラティブであり続けたのだから。

私は農業さえできればよかった人間だ。よもや世界を旅して回り、土の話を伝えて過ごすことなど望んでいなかった。でも、いまはそれが仕事になっている。きっと神は、地球環境の回復のささやかな手伝いをさせるために、シェリーと私にあの破滅的な4年間をくぐらせたに違いない。だって、この確率を考えてみてほしい——近所の農家はだれひとり4年連続の被害など受けていないのに、うちだけが雹と干ばつで4年すべての作物を失うことになったのだ！

## 2．先入観を持たない

前向きに学ぶ姿勢を持つこと。いったいどれほどの人間に言われたことか——「まったくわかってないな、ゲイブ。そんなことできやしない。無理だ」。それは彼らからの視点にすぎない。私の視点から見れば、彼らは学ぶ準備ができていないだけ。「できると思えばできるし、できないと思えばできない」とはヘンリー・フォードの名言だ。私の講演に参加する人の大半は、こちらが口を開きもしないうちから、すでに心が決まってしまっている。私が有利だったのは、町育ちで、農場に生まれ育たなかったこと。農家になったとき、自分には先入観というものがひとつもなかった。開かれた心を持ち、学ぶ準備があった。残念ながら、最初は従来型のモデルを学んだので、一度すべてを捨てて、学びなおさなければならなかった。ドン・キャンベルが教えてくれた言葉を思い出そう——「小さな変化を生み出したいなら、やり方を変えればいい。大きな変化を生み出したいなら、見方を変えなければ」。

## 3. 観察する

聖書の「ヨブ記」(12章7節-8節)にこんな言葉がある――「獣たちに訊け。彼らは教えてくれるだろう。そして、空の鳥たちに。彼らは告げるだろう。地にも問うてみるがいい。きっと教えてくれる。海の魚たちにも語らせてみよ」。

あの破滅的な4年間、私は牧草地や畑を歩いて過ごす時間に大いなる癒やしを得た。そして、観察することを学んだ。夏のそよ風に漂うクローバーの甘い香り。牛が草を食むやさしい葉ずれの音。草を口にする前に、牛たちがまず、ひげで草に触れていることに気づくだろうか？バッタに目を向ける。なぜアザミばかり食べていると思う？――栄養が多すぎる草は消化できないからだ。土をひとつかみ手にとってみる。団粒構造になっているだろうか？　なぜツンと匂うのだろう？――これは放線菌の匂い。土に菌がたくさんいる証拠だ。畑にシャベルを持っていこう。土にスムーズに食い込むだろうか？　オーツ麦の根が水平に広がっている？――それは大昔に耕耘機を入れたせいで、土が水や根を通さなくなっているからだ。タンポポがたくさん見える？――土にカルシウムが不足し、カリウムが多いのかもしれない。

みな、自分の感覚を使うという技術を忘れ去っている。すぐに利益を出そうという強迫観念で、自然とのつながりがどんどん消えている。つながりが消え、私たちの土地の上での存在感も著しく希薄になっている。義父の横で働いた8年間、私は義父がシャベルを土に差し込んで、掘り起こした土をじっくり見るところを一度たりとも目にすることはなかった。大学で農業を勉強した4年間、どの教授からも、ただの一度たりとも「観察しろ」と言われることはなかった（どう観察すべきか教わらなかったのは言うまでもない）。そして、観察力なくして、〝自然に近い農業〟などできようはずがない。

## 4．失敗を恐れない

ヘンリー・フォードは言った――「失敗とは、次にもっと賢くやり直すためのチャンスにすぎない」。過去の失敗の数々については本を何冊もかけるくらいだ。どういうわけか、私はなんでも二度失敗して、毎回のように苦しい思いをしなければならない人間だったのだ。でも、私はそれらの失敗から学んだ。それこそが大切なことだった。たとえば、かつて私は、カバークロップの下地をつくらずに、やせた土にそのまま多年草を播いた。あんな間違いはもうしない。いまは、多年草を播く前には、必ず2年以上カバークロップを植えるようにしている。

農場に見学に来た人たちにはよく「毎年わざといくつか失敗するようにしているんだ」と話す。たとえば、特定の種類のカバークロップがうちの農地でうまく育つかどうかは、実際に植えてみずにどうやってわかるはずがあるだろう？　全部損する結果になるかもしれないけれど、ほかにどうやって学べよう？　うちの農場がいまこれほどよい状態にあるのは、過去の失敗のおかげなのだ。

## 5. 取り巻く背景を理解する

環境活動家で作家のウェンデル・ベリーは『揺らぐアメリカ（*The Unsettling of America*）』のなかでこう書いている――「生きているあいだ、私たちの体は地球上の動く粒子で、土壌やほかの生物の体と不可分に結びついている。だから、私たちの体の扱いと、地球の扱いのあいだに深い類似があるとしても、別段驚くには及ばない」。

私たちは、自分自身が身を置く社会・環境・信仰の背景について理解する必要がある。つまるところ、私たちは自分たちが行うひとつひとつのことが、複合的で雪だるま式の作用を持つことを理解しなければならない。耕耘機、化学肥料、農薬、殺菌剤、殺虫剤、ワクチンその他、混乱をつくり出すものを使えば、土、水、空気、社会をふくむすべての生態系を損なうことになってしまう。私たちは何ひとつ単独でやっているわけではない。農家として、私たちは栄養をつくり出している。人間の健康そのものを定義づけているようなものだ。自分たちの行為に責任を持つ必要がある。〝見て見ぬふり〟はできない。自分の行動は、果たして家族にどんな影響を及ぼすのか？　そして、コミュニティには？　生態系には？　神との関係には？

## 6．行動を起こす

この前の春、畑に出ていろいろな作物の種まきをしていたら、携帯電話が鳴った。「はい、ゲイブです」と言うと、だれも答えない。電話の後ろで何か話し声が聞こえる。私はもう一度言った――「もしもし、ゲイブです」。すると、「まあ驚いた！　本人が出てくれた」と電話の向こうの女性が叫ぶ。「はい、本人ですよ」「出てくれるなんて思わなかったの」「もちろん出ますよ」。私は笑った。女性は名を名乗り、いくつか畑の質問に答えてくれる時間はあるかと尋ねた。私は答えた――「このまま30分くらい種まきをして、そのあと播種機を止めて種を補充するので、それまでならなんでも聞けます」。

彼女はデトロイト中心部に住んでいて、地域の子どもたちのためになんとかして野菜を育てたいのだと説明した。子どもたちの多くは栄養不足だという。一日の食事が学校の給食だけという子も多く、未就学の子たちはそれさえないのだという話を聞き、心が沈んだ。電話の主は、なけなしのお金で食べ物を買い、小さな子たちに与えているとのこと。学校に通える子の分まで買うお金はないので、野菜を育てることを思いついたそうだ。野菜を育てられたら、その子たちに食べさせてあげられる。

私はトラクターを止め、エンジンを切った。彼女の家の横には空き地がいくつかあって、雑草がぼうぼうに生えている。「そんな場所でも野菜を育てられると思いますか？」。その後1時間半ぶっ通しで、私は説明した。生ごみから堆肥がつくれること。その堆肥を、どんな土でもかまわないから、なかに混ぜ入れること。種を播く場所。品種。段ボールや新聞紙で雑草が抑えられること。その他、役に立ちそうなことはなんでも説明した。そして、質問があればいつでも電話するように言い、幸運を祈って、「行動を起こしてくれてありがとう！」と感謝を伝えた。

電話を切り、携帯をしまいながら、なぜ神が自分に〝土を育てる道〟を歩ませたのか、わかった気がした。そして思った――「神から与えられた体なんだ。行動を起こさなければ！」。

# 謝辞

本書の一部は、アイオワ州立大学のレオポルド〝持続可能な農業〟センター（マーク・ラスマッセン所長）の助成を受けた。その他、リジェネラティブ農業財団、リディア・ストークス財団、サンベニート郡コミュニティ財団、デニス&トルーディ・オトゥール、ニューソサエティ基金からも助成を受けた。すべての支援に感謝！

# 訳者あとがき

本書は、２０１８年10月にアメリカで刊行された *Dirt to Soil: One Family's Journey into Regenerative Agriculture* の日本語版です。著者のゲイブ・ブラウンは、アメリカのノースダコタ州で広大な農場を営む農家。リジェネラティブ農業（環境再生型農業）のパイオニアとして世界的に知られています。

リジェネラティブ農業は、大気中の二酸化炭素を土壌に取り込んで温室効果ガスの排出削減を実現する「カーボン・ファーミング」の手法としても注目を集めている農法です。話題の本『DRAWDOWN ドローダウン――地球温暖化を逆転させる１００の方法』のなかでもゲイブ・ブラウンの名前とともに紹介されたほか、アウトドアブランドのパタゴニアによる取り組みや、ネットフリックスのドキュメンタリー映画〈キス・ザ・グラウンド――大地が救う地球の未来〉など、日本でも徐々に認知が広まっている印象です。

## ダイナミックな土の世界

リジェネラティブ農業が目を向けるのは、「土」。ふだん見過ごされがちな土がどれほど大きな役割を担っているか。炭素の貯留源として、その生態系がいかに重要か。本書にはそのダイナミズムが鮮やかに描き出されます。

農業でもガーデニングでも、「作物を育てる」というと、つい「どれだけうまく野菜が育つか？」という思考回路に終始してしまうようなところがありますが、本書の中心テーマは、むしろ「土の再生」。植物や土壌生物の力を生かし、土の生態系を回復することで、大気中の炭素や窒素を地中に取り込む。それによって作物の育ちはよくなり、同時に気候変動の抑止も果たされる。現代の農業が温室効果ガスの主要な排出源のひとつとして問題視されるなか、これはきわめて本質的で理にかなった視点であるように思えます。

そして、土がある場所は畑のなかだけにとどまりません。本書は、私たちの足下にある土の普遍的なパワーと、そのパワーが地球規模で失われることの重大さに気づかせてくれる刺激的な書でもあります。農業に取り組む方々はもちろん、日々作物を消費するすべての消費者、さらには地球の土の上に生きるすべての人に、現代の資本主義的な自然との関わりを顧みる機会をくれる貴重な一冊ではないでしょうか。

## 日本の自然栽培vsアメリカの不耕起

リジェネラティブ農業の「不耕起×無農薬×無肥料」というスタイルは、「無農薬」や「有機（オーガニック）栽培」さえもがまだまだ少数派の日本では、少し極端に聞こえる部分もあるかもしれません。

日本版序文に言及されているとおり、日本にはもともと福岡正信さんの「自然農法」や川口由《よし》一《かず》さんの「自然農」など、「不耕起×無農薬×無肥料」をベースとする〝自然栽培〟の流れが存在しますが、一般的には「なかなか収量が安定しない」「それを乗り越えないとうまくいかない」というストイックなイメージも広がっていて、本格的な農業に応用するにはかなりハードルが高い印象があります。

対するアメリカの事情はかなり異なっており、アメリカ国内ではすでに小麦や大豆の40パーセント以上、トウモロコシも30パーセント近くが不耕起で栽培されているとの報告があるほどで、不耕起はメジャーな手法として定着しています。しかも、日本とは桁違いの何十万平米という農地を、遺伝子組み換え作物や除草剤との合わせ技で〝効率的に〟不耕起栽培するのが主流とのこと。つまり、日本のような〝無農薬志向〟の不耕起とはまるで別の地点で、トラクターの燃料費や作業コストの軽減、土壌侵食のリスク回避といったきわめて現実的なメリットのために不耕起が実践されているのです。

本書に描かれる挑戦は、このような日本とはまったく異なるアメリカの文脈のなかから生まれています。日本的な自然栽培の感覚からすれば、あくまで事業拡大を目指そうとする著者の姿勢もアメリカらしさが感じられておもしろいところですが、こうした合理的な路線から浮かび上がってくる不耕起や無農薬の可能性もまた、私たちに多くの示唆《しさ》を投げかけてくれているように感じます。

## どのように日本で生かせるか？

さて、本書に提示される考え方をもとに、日本で実際にどのようなアプローチが生み出せるか？　一見、アメリカとは広さも条件も異なる日本では応用しにくいように見えるかもしれませんが、本文にも書かれているとおり、「どんな場所でも、どんなサイズの畑や庭でも、土の原則は変わらない」。ガーデニングや家庭菜園の愛好家のみなさんにもすぐに真似していただけそうなポイントが満載です。

たとえば、「耕さない」「刈った草を敷き詰める」「多様な品種を混植する」「雑草を引き抜かずに根を残す」などはすぐに真似できそうですし、カバークロップの多種ブレンドも効果を試してみたいところ。「動物を組み込む」は、日本では少しハードルが高いかもしれませんが、わが家の庭は現在、「牛の代わりにニワトリくらいだったら組み込めるか？」「せめて野鳥や益虫を増やせるか？」「動物の代わりに人間（＝自分）が草を踏みつけてみようか？」などなど思案中。さらに、雑草の防除にも効果的だという「秋播き」も、うまく取り入れたい要素のひとつです。

なによりも、私自身は本書を読んだことで畑や庭の〝見え方〟が変わり、庭いじりが俄然《がぜん》たのしくなりました。個人的に衝撃だったのは、たとえば、大根を「収穫」のためでなく、「カバークロップ」として育て、そのまま土のなかで朽ちさせるといった部分。〝栽培〟という一点において「使いきれない＝もったいない＝意味がない」と思い込んでいたところ、「使いきれなくても、そのまま朽ちさせるだけで意味があるのか！」というのは目からウロコで、今年は山ほど大根を育ててみようという気になりました——土のために！

また、本書にたびたび登場するヘアリーベッチの種を入手して播いてみたところ、目に入ったのは、その周囲に勝手に生えてきたカラスノエンドウ。昨春まではすべて根こそぎ引っこ抜いていたけれど、同じマメ科で見た目も似ている。「もしかして……」と検索してみると、やはり畑づくりに生かせるらしいという情報が見つかり、今年はそのまま抜かずに残すことにしました。わざわざ耳慣れない海外の品種を育てなくても事足りるかもしれません。

目指すは〝カオスの園〟。隆盛のユーチューブでは自然栽培系の動画もいろいろ視聴できるので、そんなところからも「日本向け」のヒントは見つかりそうです。「畑は小さな大自然！そーやん」さんのユーチューブなどはかなり参考になっています。

最後に、本書の刊行に際しては、著者の許諾のもと、日本の読者にとって応用しにくいと思われる箇所を一部省略している点を申し添えておきます。お世話になったＮＨＫ出版の川上純子さんと塩田知子さんに心よりお礼申し上げます。

２０２２年４月

服部雄一郎

*Commonsense Revolution to Restore Our Environment.* Island Press, 2016.

Schatzker, Mark. *The Dorito Effect: The Surprising New Truth About Food and Flavor.* Simon & Schuster, 2015.

Schwartz, Judith D. *Cows Save the Planet: And Other Improbable Ways of Restoring Soil to Heal the Earth.* Chelsea Green Publishing, 2013.

Sinek, Simon. *Start with Why: How Great Leaders Inspire Everyone to Take Action.* Penguin, 2009.（サイモン・シネック『WHYから始めよ!——インスパイア型リーダーはここが違う』栗木さつき訳、日本経済新聞出版社、2012年）

Wilson, Gilbert L. *Buffalo Bird Woman's Garden: Agriculture of the Hidatsa Indians.* St. Paul, MN: Minnesota Historical Society Press, 1987.

福岡正信『自然農法　わら一本の革命』春秋社、2004年〔新版〕

## ウェブサイト

Amazing Carbon: http://www.amazingcarbon.com

Bionutrient Food Association: http://www.bionutrient.org

Dr. Elain's Soil Foodweb School: http://www.soilfoodweb.com

*EcoFarmingDaily* e-newsletter: http://www.ecofarmingdaily.com

Holistic Management International: https://holisticmanagement.org

Savory Institute: http://www.savory.global

Solutions Beneath Our Feet: Can Regenerative Agriculture and Healthy Soils Help Combat Climate Change?: http://www.youtube.com/watch?v=XlB4QSEMzdg

Understanding Ag, LLC: http://www.soilhealthconsulting.com

Winona Ranch: http://www.pasturecropping.com

※URLは2018年10月の原書刊行時のものです。

# 参考資料

## 書籍


Berry, Wendell. *The Unsettling of America: Culture and Agriculture*. Counterpoint, 2015.

Brunetti, Jerry. *The Farm as Ecosystem: Tapping Nature's Reservoir–Biology, Geology, Diversity*. Acres USA, 2014.

Davis, Walt. *How to Not Go Broke Ranching: Things I Learned the Hard Way in Fifty Years of Ranching*. CreateSpace Independent Publishing Platform, 2011.

Faulkner, Edward H. *Plowman's Folly*. University of Oklahoma Press, 2012.

Hines, Chip. *How Did We Get It So Wrong: The Reality of Ignoring Nature*. CreateSpace Independent Publishing Platform, 2012.

Howard, Albert. *An Agricultural Testament*. Benediction Classics, 2010.（アルバート・ハワード『農業聖典』保田茂監訳、日本有機農業研究会、2022年〔新装版〕）

Lewis, Meriwether, and William Clark. *The Journals of Lewis and Clarke* (selections), Houghton Mifflin, 1953.

Miller, Daphne. *Farmacology: Total Health from the Ground Up*. William Morrow, 2016.

Montgomery, David R. *Growing a Revolution: Bringing Our Soil Back to Life*. W. W. Norton and Company, 2017.（デイビッド・モントゴメリー『土・牛・微生物——文明の衰退を食い止める土の話』片岡夏実訳、築地書館、2018年）

Niman, Nicolette Hahn. *Defending Beef: The Case for Sustainable Meat Production*. Chelsea Green Publishing, 2014.

Perro, Michelle, and Vincanne Adams. *What's Making Our Children Sick?: How Industrial Food Is Causing an Epidemic of Chronic Illness, and What Parents (and Doctors) Can Do About It*. Chelsea Green Publishing, 2017.

Salatin, Joel. *Fields of Farmers: Interning, Mentoring, Partnering, Germinating*. Polyface, 2013.

SARE Outreach. *Managing Cover Crops Profitably*. SARE Outreach, 2007.

Savory, Allan, with Jody Butterfield. *Holistic Management: A*

著者

## ゲイブ・ブラウン　Gabe Brown

気候変動対策「カーボン・ファーミング」として、いま世界で注目を集めるリジェネラティブ農業（環境再生型農業）の第一人者。アメリカ、ノースダコタ州で2,000ヘクタールの農場・牧場を営む。妻と息子の家族3人でたび重なる危機を乗り越えて、化学肥料・農薬を使わない不耕起の栽培によって、自然の生態系を回復させる新たな農業を確立した。彼の農場には国内外から毎年数千人の見学者が訪れるほか、講演やメディア出演も多数行い、世界中にそのメソッドを伝えている。アメリカ不耕起栽培者賞、天然資源保護協議会から成長グリーン賞を受賞。

訳者

## 服部雄一郎（はっとり・ゆういちろう）

翻訳家。高知県在住。UCバークレー公共政策大学院修了。「ゼロウェイスト」や「プラスチック・フリー」の実践的な取り組みがメディアで紹介され注目を集める。訳書に、『ゼロ・ウェイスト・ホーム』（アノニマ・スタジオ）、『プラスチック・フリー生活』（NHK出版)、『ギフトエコノミー』（青土社）など。家族の暮らしを綴った妻との共著書に、『サステイナブルに暮らしたい』（アノニマ・スタジオ）がある。ブログ「サステイナブルに暮らしたい」(sustainably.jp)。

企画協力——西川美和子
校正————鈴木由香
本文組版——アップライン株式会社
編集————川上純子、塩田知子

部扉写真 © iStock.com/mexrix_1

# 土を育てる
## 自然をよみがえらせる土壌革命

2022年５月30日　第1刷発行
2022年12月30日　第5刷発行

著　者――――――――ゲイブ・ブラウン
訳　者――――――――服部 雄一郎
発行者――――――――土井 成紀
発行所――――――――NHK出版
〒150-0042　東京都渋谷区宇田川町10-3
電話　0570-009-321（問い合わせ）0570-000-321（注文）
ホームページ　https://www.nhk-book.co.jp
印　刷――――――――亨有堂印刷所／大熊整美堂
製　本――――――――ブックアート

乱丁、落丁本はお取り替えいたします。定価はカバーに表示してあります。

Printed in Japan
ISBN978-4-14-081900-5 C0098